Think Data Structures
Java 演算法實作和資料檢索

Think Data Structures
Algorithms and Information Retrieval in Java

Allen B. Downey 著
張靜雯 譯

目錄

前言

本書背後的哲學

資料結構和演算法在過去五十年的重大發明中隨處可見，而且是軟體工程師必備的知識基礎。但以我個人的觀察來說，這類主題書都太理論、太厚、太“硬”了：

太理論

演算法的數學分析會簡化假設，往往導致限制實務上的用途。很多這類主題只專注在數學卻忽略了那些假設。所以在這本書中，我將以最實務的重點來介紹演算法。

太厚

大多數這類書籍都超過五百頁，有些甚至高達一仟頁。我將關注對軟體工程師最有用的主題，將這本書的頁數壓在一百五十頁以內。

太“硬”

很多資料結構的書籍都著重在如何實作資料結構，很少講述如何使用它們。在這本書中，我會自介面開始“從上到下”進行介紹。讀者將從學習如何使用 Java Collections Framework 中的資料結構開始，然後才進入到內部運作。

最後，有些書就是一直不停介紹不同的資料結構而不談為何要用它們，讀起來實在痛苦！我試著用網頁搜尋這個的實際應用來貫穿許多資料結構討論，網頁搜尋是一種重要的應用，而且應該也比較讓人覺得有趣。

網頁搜尋會用到一般資料結構課程不會說到的一些主題，例如使用 Redis 保存資料。

決定一些內容的去留對我來說並不容易，但最後我也作了一些妥協。我引入了一些題目，它們是多數讀者不會用到，但在面試時會被問到的主題，針對這些主題，我會說明一般認知為何，外加我自己主觀看法。

本書也有軟體工程實務面的主題，包括版本控制和單元測試。多數的章節會有章節練習，讓讀者練習一下剛學習到的東西，每個練習都會有自動驗證來檢驗正確性，我也會把我版本的解答放在下一章的開頭。

讀者背景

本書是設計給大學計算機系或相關科系學生、專業軟體工程師、學習軟體工程者或是準備應試科技工作者而準備。

在你開始這本書之前，你應該已經對 Java 有一定的熟悉程度，特別是你應該知道如何定義繼承新類別、或是實作新的 `interface`，如果你對 Java 不熟悉，可以參考閱讀以下兩本書：

- Downey 和 Mayfield 所著的《*Think Java*》（O'Reilly Media, 2016），適合未有寫程式經驗的人閱讀。
- Sierra 和 Bates 所著的《*Head First Java*》（O'Reilly Media, 2005），適合在 Java 之外，已有其他程式語言經驗的人閱讀。

如果你對 Java 的 interface 不熟悉，可以在 *http://thinkdast.com/interface* 上閱讀一篇名叫"What Is an Interface?"的導覽。

"interface"這個字很容易令人混淆，從 **application programming interface**（API）方面來看，它的意思是提供特定功能的一群類別和方法集合。

然而在 Java 的世界裡，它則是一種程式語言功能，概念類似類別，是一群特定方法的集合。為了要避免混淆，我將會使用"介面"兩字來代表一般認知的介面，用 `interface` 來表示 Java 語言功能中的 `interface`。

讀者應已瞭解型態參數（type parameter）和一般型態的差別，舉例來說，你應該知道如何利用型態參數來建立一個新物件，例如 `ArrayList<Integer>`，如果不知道的話，可以在 *http://thinkdast.com/types* 讀到相關的資訊。

讀者應該已經對 Java Collections Framework（*http://thinkdast.com/collections*）感到熟悉，特別是 `List` interface、`ArrayList` 和 `LinkedList` 類別。

若讀者能熟悉 Apache Ant 更佳，它是一種 Java 的自動建置工具，你可以在 *http://thinkdast.com/anttut* 取得更多資訊。

最後，讀者應已瞭解 `JUnit`，它是 Java 用來作單元測試的 framework，你可以在 *http://thinkdast.com/junit* 取得更多說明。

本書資源

這本書的程式碼都可以在 Git repository 取得，位置是 *http://thinkdast.com/repo*。

Git 是一種**版本控制系統**，讓你可以持續追蹤專案裡檔案的改變，而 **repository** 是指 Git 裡的檔案集合。

GitHub 是提供儲存 Git repository 的一個伺服器，它有著方便的網頁介面，有以下數種功能：

- 你可以按下 Fork 按鈕，來複製 GitHub 上的一個 repository，如果你還沒有 GitHub 帳號，你需申請一個。執行完 fork 之後，你就會在 Github 上擁有一份自己的 repository，可開始用來追蹤自有版本程式碼的改變，之後可以 **clone** 一個 repository，clone 讓你下載一份程式碼檔案到你的電腦中。
- 也可以只作 clone 不作 fork，如果你選擇這麼做的話，你就不需要 GitHub 帳號，不過你也無法利用 GitHub 儲存改變。
- 如果你完全不想使用 Git，你可以在 GitHub 頁面上按下 Download 按鈕，或是從連結 *http://thinkdast.com/zip*，用 ZIP 壓縮方法下載程式碼。

當你從 repository clone 到本地端或解壓 ZIP 取得程式碼後，你應該會看見一個叫 `ThinkDataStructures` 的目錄，下面有個叫 `code` 的子目錄。

本書的範例使用 Java SE Development Kit 7 開發和測試，如果你使用的是舊的版本 ，可能導致部份範例無法執行，如果是用更新的版本，那使用上應該就不會有問題。

本書編排慣例

本書的書排慣例如下：

斜體字（*Italic*）

表示重點、按鍵、選單、URL 以及電子郵件地址。中文以楷體表示。

粗體字（**Bold**）

在定義新名詞時使用。

定寬字（`Constant width`）

用來代表程式碼，或是文句段落中有檔名、副檔名、程式碼裡的變數或函式名稱、資料型態、述句或關鍵字。

定寬粗體字（**`Constant width bold`**）

表示需要使用者取代掉的文字。

致謝

這本書是從我在紐約的 Flatiron School 中的一門課程教材整理出來的，這所學校提供多樣化的程式和網頁設計課程。學校裡有一門以本書作為教材的課，該課程提供線上開發環境，其他老師和學生也會提供協助，完成課程後將發給證書，你可以在 *http://flatironschool.com* 取得更多資訊。

- 謝謝在 Flatiron School 的 Joe Burgess、Ann John 和 Charles Pletcher 自本書起草到最後測試完成的過程中所提供的指導建議。
- 我非常感謝技術團隊的 Barry Whitman、Patrick White 和 Chris Mayfield，他們提供很多有用的建議，也抓到許多的錯誤，當然如果還有錯誤的話必定是我的錯，不是他們的錯。
- 感謝 Olin College 的 Data Structures and Algorithms 課程老師和學生，他們閱讀了本書並提供許多實用回饋。
- 還有 O'Reilly Media 的 Charles Roumeliotis，他是本書編輯也對本書做了許多改進。

如果你對本書內容有建議或提議，歡迎寄信到 *feedback@greenteapress.com*。

第一章

介面

本書有三個主題：

資料結構（*Data structure*）

　從 Java Collections Framework（JCF）中的資料結構開始，你會學習到如何使用像是 list 或 map 這種結構。

演算法分析（*Analysis of algorithms*）

　將說明分析程式碼的技巧，預測程式可以跑多快，以及會使用到多少空間（記憶體）。

資料檢索（*Information retrieval*）

　為使前面兩點以及練習題更加有趣，我將使用資料結構和演算法來製作一個網頁搜尋引擎。

這三個主題，在本書中將以下面的大綱結構呈現：

- 從 `List` 開始，你會為 `List` interface 實作兩個類別，然後你可將自己的實作與 Java 類別中的 `ArrayList` 和 `LinkedList` 作比較。
- 接著我們介紹樹形的資料結構，此時你會進行第一個應用實作，也就是寫一個程式讀取 Wikipedia 網頁的內容，拆解內容以及在拆解出的結果樹裡找到連結。我們會用它來測試“找到 Philosophy”這個推測（你可以在 *http://thinkdast.com/getphil* 找到說明）。
- 然後我們會學習 `Map` interface 以及 Java 中的 `HaspMap` 實作，接著用雜湊表（hash table）和二元樹來實作這個介面。

- 最後，你會使用以上的類別（還有一些我過程中會介紹的類別）實作一個網頁搜尋引擎，包括找尋和讀取頁面的網路爬蟲（crawler），能用特定格式儲存網頁內容，使得搜尋加快的索引器（indexer），還有一個接收使用者查詢並返回結果的檢索介面。

那麼，就讓我們開始吧。

為什麼需要兩種 List

剛開始接觸 Java Collections Framework 的人，面對 ArrayList 和 LinkedList 都會產生一個問題，也就是為什麼 Java 要同時提供兩種 List interface 的實作？以及如何選擇使用哪一種？我將會在接下來的幾章陸續回答這些問題。

我將會從查看 interface 和它的實作類別開始，然後說明什麼是"介面程式設計"（programming to an interface）。

最前面幾個練習是會請你實作很相似於 ArrayList 與 LinkedList 的類別，目的是要讓你知道它們的工作原理，然後我們也會說明兩者的優缺點。有些工作選用 ArrayList，能用較少空間或較快速度完成，而有些工作則是用 LinkedList 更適合。什麼情況適用哪種，要視應用中最吃重的工作來決定。

Java 中的 Interface

一個 Java 的 interface 就是一個指定方法的集合，任何想實作特定 interface 的類別，就要具備滿足 interface 的指定方法。舉例來說，下面是一個 java.lang package 中的 Comparable interface 的程式碼。

```
public interface Comparable<T> {
    public int compareTo(T o);
}
```

這個 interface 的定義用了一個型態參數 T，它讓 Comparable 變成**泛型**（**generic type**），要實作這個 interface 的類別必須要：

- 指定 T 是什麼
- 實作一個叫 compareTo 的方法，這個方法有一個物件當作參數，並回傳 int。

以 java.lang.Integer 程式碼來當例子：

```
public final class Integer extends Number implements Comparable<Integer> {

    public int compareTo(Integer anotherInteger) {
        int thisVal = this.value;
        int anotherVal = anotherInteger.value;
        return (thisVal<anotherVal ? -1 : (thisVal==anotherVal ? 0 : 1));
    }

    // 省略其他方法
}
```

這個類別繼承了 Number，所以它擁有 Number 的所有方法和變數，並且它指定實作 Comparable<Integer>，所以必須實作 compareTo 方法，它所實作的 compareTo 方法有一個 Integer 參數，並回傳 int。

當一個類別宣告要實作一個 interface 時，編譯器會檢查它是否已具備該 interface 所定義的所有方法。

順帶一提，在 compareTo 實作中使用了 ?:，它是「三元運算子」(ternary operator)，如果你對這個運算子的用法不熟悉，可以參考 *http://thinkdast.com/ternary*。

List interface

Java Collections Framework（JCF）中定義了一個叫 List 的 interface，它有 ArrayList 和 LinkedList 兩種實作。

List interface 是用來定義 List 必須具備的條件，想實作這個 interface 的任何類別，都必須提供特定方法的集合，包括 add、get、remove 和其他大概 20 個方法。

ArrayList 和 LinkedList 也都具備了指定的方法，所以它們可以相互替換使用，也就是說一個會使用到 List 的方法，也可以用 ArrayList、LinkedList 或其他符合 List interface 的類別取代。

讓我們用一個例子來說明：

```
public class ListClientExample {
    private List list;

    public ListClientExample() {
        list = new LinkedList();
```

```
    }

    private List getList() {
        return list;
    }

    public static void main(String[] args) {
        ListClientExample lce = new ListClientExample();
        List list = lce.getList();
        System.out.println(list);
    }
}
```

ListClientExample 類別沒有做什麼事，但這個類別**封裝**了 List，也就是它有一個 List 的變數實作，我用這個類別說明概念，而你將在第一個練習題中再度使用到這個類別。

ListClientExample 建構子中，建立一個新的 LinkedList，並將 list 作了**實例化**（也就是建立 list）。用來取得 list 的方法叫 getList，它會回傳內部 List 物件的參照，而 main 中有幾行程式碼用來呼叫這個方法。

在這個範例中的重點，是它盡可能地使用 List，若非必要不去特別指定是 LinkedList 或 ArrayList，舉例來說，初始變數被宣告成 List，getList 方法也是回傳 List，兩者都沒有指定實際上用的是哪一種 list。

如果你中途變心，想要改用 ArrayList 的話，只要改變建構子的內容，其他的程式都不需要修改。

這個寫作的方法稱為**介面程式設計**（**interface-based programming**），或是稱為"programing to an interface"（請見 *http://thinkdast.com/interbaseprog*），這裡的介面指的是一般定義的介面，而不是 Java 的 interface。

當你使用函式庫時，你的程式碼應要盡量使用像是 List 的這種 interface，而不是指定使用像 ArrayList 這樣的實作。這樣一來，未來如果要改動的話，程式碼也比較好改。

另一個方面來說，如果介面變更的話，相關的程式碼也要跟著一起改。所以若不是必要的話，函式庫開發者都會避免改動介面。

練習題一

由於這是第一個練習，所以不會太複雜，就請你從前面的程式碼中，將實作替換，也就是用 `ArrayList` 替換掉 `LinkedList`。由於程式碼本身就是基於介面實作的，所以應該只要改寫一行並加上 `import` 述句即可。

要做這個練習之前，首先你要設定開發環境，之後所有的練習題，都需要編譯及執行 Java 程式碼。我使用 Jave SE Development Kit 7 來開發範例程式，如果你用的是更新的版本，應該不會碰到問題，不過如果你用的是舊的版本，有可能會有一些相容性問題發生。

我建議使用整合開發環境（Integrated development environment, IDE），這種開發環境提供了語法檢查、自動編譯和原始碼整理的功能。這些功能幫你避免及快速找到錯誤。不過，如果你的目的是要準備面試的話，面試時可不會有這些工具，所以基於這個考量，你也可以不使用這種工具來進行程式碼的撰寫。

如果你還沒有下載本書的程式碼的話，可以看第 ix 頁“本書資源”裡的說明。

在本書的程式碼中，有一個叫 code 的目錄下，你可以找到以下的檔案和目錄：

- `build.xml` 是一個 Ant 檔，用來幫助編譯和執行程式碼。
- `lib` 目錄下包含你會需要的所有函式庫（在這個練習中，只用到 JUnit）。
- `src` 目錄下包含了所有原始碼。

在 `src/com/allendowney/thinkdast` 下，你可以找到這個練習題的程式碼：

- `ListClientExample.java` 是前一節用的範列程式。
- `ListClientExampleTest.java`，是一個包含了 JUnit 測試的 `ListClientExample`。

重讀一次 `ListClientExample` 並確定你瞭解它在幹嘛，然後編譯並執行它，如果你使用 Ant 的話，你可以到 code 目錄下執行 `ant ListClientExample`。

此時可能會出現警告訊息：

```
List is a raw type. References to generic type List<E>
should be parameterized.
```

為了保持練習題的單純性，範例中並未指定 `List` 使用元素的型態，如果這讓你很困擾的話，可以將 `List` 或 `LinkedList` 改為 `List<Integer>` 或 `LinkedList<Integer>`。

查看一下用來測試的 `ListClientExampleTest`，它執行後會建立 `ListClientExample`，呼叫 `getList`，然後檢查回傳型態是不是 `ArrayList`。由於原本回傳型態是 `LinkedList` 而不是 `ArrayList`，所以這個檢查預設一定會失敗，請你執行這個測試，並確認結果為失敗。

注意：這個測試雖然是給練習題使用，但它不是一個好的測試範例，好的測試程式應該是去檢查受測類別是否符合 *interface* 規範，而不是檢查**實作**是什麼型態。

請在 `ListClientExample` 中，用 `ArrayList` 取代 `LinkedList`，也許你已加好了 `import` 述句，那麼就只要編譯執行 `ListClientExample` 即可，做完後，再執行一次測試，改造過程式碼應該就會測試通過了。

只要把建構子中的 `LinkedList` 改掉就可以讓測試成功了，不要改動其他 `List` 出現的地方，不過如果你改了的話會怎樣呢？試試看把幾個 `List` 出現的地方改為 `ArrayList`，結果程式碼還是可以執行，不過這樣一來程式碼就會變得「僵化」，若你未來想要改變 interface 的話，你就要作多處程式碼改動。

在 `ListClientExample` 建構子中，若你把 `ArrayList` 取代成 `List` 會怎樣呢？你覺得 `List` 不能被實例化是為什麼呢？

第二章

演算法分析

如前一章看到的，Java 提供兩種 List interface 的實作，也就是 ArrayList 和 LinkedList，有一些應用配合 LinkedList 速度較快，而另一些則是要配合 ArrayList 才會比較快。

想知道特定的應用程式適合使用哪種實作的話，最土法煉鋼的方法就是兩個都跑跑看，然後看看各花了多少時間，這個方法稱為**性能分析**（**profiling**），它有幾個問題存在：

1. 你必須先兩種都實作才能進行分析。
2. 分析的結果可能和電腦種類相關，一種演算法適合在某台機器上跑，但另外一種可能適合另外一台。
3. 這個分析結果可能受到規模或輸入資料的影響。

我們也可以用**演算法分析**（**analysis of algorithms**）來知道答案，演算法分析可以在不實作的情況下，藉由比較演算法的方法得到結果，不過這方法有一些前提假設：

1. 為了排除電腦硬體造成的影響，通常會找出要用到的基礎運算，例如加、乘和數字比較等，計算它們在一個演算法裡要用到的次數。
2. 為避免輸入資料的影響，就是把所有輸入值執行結果作平均，如果這點無法做到，通常就是只取最差狀況結果。
3. 最後，還要處理演算法對於小問題表現優良，但大問題就很糟的情況。這種情況我們通常就把焦點放在大問題上，因為小問題就算執行結果有差異，在總時間花費上可能差異也不大，但是大問題的結果差異可能會很巨大。

這類分析方法在演算法裡自成一格，舉例來說，若我們知道演算法 A 的執行時間和輸入個數 n 呈相關，而演算法 B 與 n^2 成相關，那麼就可以說演算法 A 比 B 快，特別是 n 值越大時越明顯。

大多數的演算法執行時間可以用以下分類：

常數時間（*Constant time*）

一個演算法為**常數執行時間**，表示執行時間與輸入數量無關，舉例來說，如果你有一個具有 n 個元素的陣列，然後你用中括號（[]）取得元素值，這個動作不管陣列多大，執行時間都是一樣的。

線性時間（*Linear*）

一個演算法為**線性執行時間**，表示與輸入的數量呈相關，舉例來說，如果你想把陣列元素加總，那你就得進行存取 n 個元素，並執行 $n-1$ 次加法，動作的總數是 $2n-1$（存取的元素數量和加法次數），也就是和 n 相關。

平方時間（*Quadratic*）

一個演算法若是**平方執行時間**，表示它與 n^2 相關，舉例來說，如果你想要檢查一個 list 中的元素是否有出現超過一次，一個簡單的演算法就是將每個元素都和其他元素作比較，如果總數是 n 個元素，每個又執行 $n-1$ 次比較，那麼動作的總數就是 n^2-n，也就是和 n^2 呈相關。

選擇排序法

舉例來說，下面的程式是一個稱為**選擇排序法**（**selection sort**）的簡單演算法（參考 *http://thinkdast.com/selectsort*）：

```
public class SelectionSort {

    /**
     * 將索引 i 和 j 的元素互換
     */
    public static void swapElements(int[] array, int i, int j) {
        int temp = array[i];
        array[i] = array[j];
        array[j] = temp;
    }
    /**
     * 從 start 處找到最小數值的索引值
```

```
     * 一直到陣列結束
     */
    public static int indexLowest(int[] array, int start) {
        int lowIndex = start;
        for (int i = start; i < array.length; i++) {
            if (array[i] < array[lowIndex]) {
                lowIndex = i;
            }
        }
        return lowIndex;
    }

    /**
     * 用選擇排序法將陣列中的值重排
     */
    public static void selectionSort(int[] array) {
        for (int i = 0; i < array.length; i++) {
            int j = indexLowest(array, i);
            swapElements(array, i, j);
        }
    }
}
```

第一個方法 swapElements，用來交換陣列的兩個元素，由於我們已知元素數量和陣列啟始位置，讀取和寫出元素是靠一個乘法和一個加法執行，所以讀取和寫出是常數時間。又因為 swapElements 裡的東西都是常數時間可完成，所以歸納整個方法也是常數時間。

第二個方法 indexLowest，用來找從陣列指定啟始位置 start 開始找最小元素，迴圈每次執行都從陣列中取兩個元素作比較，由於這些都是常數時間動作，所以要計算哪個動作都一樣，為方便我們就計算比較這個動作：

1. 如果 start 為 0，indexLowest 會遍歷整個陣列，所以比較的次數就是陣列的長度，我們稱它 n。
2. 如果 start 為 1，那麼比較次數為是 $n-1$。
3. 一般來說，比較次數可以寫成 n - start，所以 indexLowest 是線性時間。

第三個方法 selectionSort，用來排序陣列。迴圈從 0 執行到 $n-1$，所以迴圈執行 n 次，每一次都會呼叫 indexLowest，並執行常數時間的 swapElements。

`indexLowest` 第一次被呼叫時，它執行 n 次比較，第二次被呼叫時，它執行 $n-1$ 次比較，以此類推，得到比較次數總共為：

$$n+n-1+n-2+...+1+0$$

上面式子可以寫為 $n(n+1)/2$，也就是和 n^2 相關，這也表示推得 `selectionSort` 的執行時間是平方時間。

若把 `indexLowest` 想成一個巢式迴圈也可以得到一樣的結果，每次 `indexLowest` 動作都和 n 相關，一共呼叫它 n 次，所以總數是 n^2。

Big O

所有的常數執行時間，都可以被稱為 $O(1)$，所以可稱一個常數時間演算法屬於 $O(1)$，相同的，所有的線性執行時間演算法屬於 $O(n)$，所有平方時間演算法為 $O(n^2)$，這個區分演算法的方法稱為 **Big O 標示法**（**Big O notation**）。

注意：我另外作了一個 Big O 標記法的定義，可參考 *http://thinkdast.com/bigo*。

這個標記法在組合演算法時，是一個方便撰寫規則的方法，比方說，如果你先執行一個線性時間演算法，再執行一個常數時間演算法，那麼總執行時間還是線性的，以下式子中 ∈ 符號代表"屬於"：

若 $f \in O(n)$ 且 $g \in O(1)$，則 $f+g \in O(n)$。

如你執行的是兩個線性時間演算法，那加總後還是線性：

若 $f \in O(n)$ 且 $g \in O(n)$，則 $f+g \in O(n)$。

事實上，如果你執行線性時間演算法 k 次，只要 k 是常數，而且和 n 沒有任何關連性，那結果還是線性的：

若 $f \in O(n)$ 且 k 是常數，則 $kf \in O(n)$。

但如果你執行線性演算法 n 次，那結果就會是次方了：

若 $f \in O(n)$，則 $nf \in O(n^2)$。

一般來說，我們只關心 n 的最大指數，所以若總執行次數為 $2n+1$，那它屬於 $O(n)$，開頭的係數 2 還有後面的 1，對我們這種分析法都不重要。相同的，如果是 $n^2+100n+1000$，就屬於 $O(n^2)$，別因為數字大就嚇到了！

時間複雜度（**order of growth**）也代表同一個意思，時間複雜度相同的演算法就是屬於同一個 Big O 分類的演算法。舉例來說，所有的線性演算法都是同一個時間複雜度，因為它們的執行時間都是 $O(n)$。

在英文名稱中的“order”一字，指的是一群的意思，就像講“Order of the Knights of the Round Table”（圓桌武士），意思是一群武士（騎士），而不是把這群人依序排排站的意思。所以你可以把“Order of Linear Algorithms”（線性時間演算法），想像成一群勇敢、聰明又特別有效率的演算法。

練習題二

本章的練習題是要實作用 Java 陣列作為儲存體的 `List`。

在本書隨附程式碼中（見第 ix 頁的“本書資源”），你可以找到需要的程式碼：

- `MyArrayList.java` 包含了一部份 `List` interface 要實作的程式碼，其中有四個方法是不完整的，你的練習就是要完成它們。
- `MyArrayListTest.Java` 包含了 JUnit 測試，你可以用來檢查答案是否正確。

你會在 `code` 目錄裡找到 Ant 用的 `build.xml` 檔，可以用 `ant MyArrayList` 命令來執行 `MyArrayList.java`，裡面內含了幾個簡單的測試，或是也可以用 `ant MyArrayListTest` 來執行 JUnit 測試。

當你執行測試時，可能出現數個失敗，如果你檢查程式碼的話，會看到四個 `TODO` 註解，用來說明要請你完成程式碼。

在你開始實作那些方法之前，讓我們先來看一些程式碼，下面的程式是類別定義、變數實例和建構子：

```
public class MyArrayList<E> implements List<E> {
    int size;                    // 記錄元素個數
    private E[] array;           // 儲存元素

    public MyArrayList() {
        array = (E[]) new Object[10];
```

```
            size = 0;
        }
    }
```

如註解中標明，size 是用來記錄 MyArrayList 中有多少元素，而 array 是實際拿來儲存元素的陣列。

建構子會建立一個包含 10 個元素的陣列，預設值為 null，並設定 size 為 0，在大多數時間，陣列的長度都會比 size 大，所以陣列裡總是會有空位。

提示一個 Java 的細節，就是無法用型態參數來初始化陣列，舉例來說，以下的程式碼是不合法的：

```
            array = new E[10];
```

要避過這個問題，你就要先生出一個 Object 陣列，然後再對它作強制轉型，你可以在 *http://thinkdast.com/generics* 讀到更多相關資訊。

接著我們要看添加元素到陣列的方法：

```
        public boolean add(E element) {
            if (size >= array.length) {
                // 製作一個更大的陣列，並將原本內容複製過去
                E[] bigger = (E[]) new Object[array.length * 2];
                System.arraycopy(array, 0, bigger, 0, array.length);
                array = bigger;
            }
            array[size] = element;
            size++;
            return true;
        }
```

若陣列已沒有空位可用時，就會建立一個更大的陣列，並且複製原來的內容過去，接著就可以一樣將新元素儲存，並增大 size。

由於方法回傳值永遠都是 true，顯得這個回傳值沒有什麼意義，你可在 *http://thinkdast.com/colladd* 裡看到這麼做的理由。此外，這個方法的效能分析，也需要稍加討論一下，在一般的情況下，它是常數時間，但如果碰到要擴張陣列的情況，就會變成線性時間，我在會第 17 頁的“評估 add 方法”中作更清楚的解釋。

最後我們來看一下 get，看完以後你就可以開始著手進行練習了：

```
        public T get(int index) {
            if (index < 0 || index >= size) {
```

```
            throw new IndexOutOfBoundsException();
        }
        return array[index];
    }
```

get 方法很簡單，如果索引值超界了，就丟出例外，否則的話就讀取並回傳陣列元素值。注意檢查超界是檢查 size，而不是檢查 array.length，所以也不會存取到未使用的陣列空位。

在 MyArrayList.java 中，有個長得像下方程式碼的 set：

```
    public T set(int index, T element) {
        // TODO: fill in this method.
        return null;
    }
```

閱讀 *http://thinkdast.com/listset* 上關於 set 的文件，並將方法內程式補齊之後，執行 MyArrayListTest，testSet 測試就會顯示結果成功了。

提示：試看看不要再寫一次檢查索引的程式碼。

你的下一個任務是實作 indexOf 的內容，和之前一樣，閱讀文件 *http://thinkdast.com/listindof* 後，你就知道自己該做什麼，這邊請特別留心對於 null 的處理。

我已提供一個叫 equals 方法，來協助從陣列裡找到目標值，並且在找到時回傳 true（已處理 null 值情況），注意該方法是 private，只能在這個類別中使用，它並不是 List 介面的一部份。

弄好了以後，現在執行 MyArrayListTest，testIndexOf 及它相依的測試應該也要能通過。

只剩 2 個方法你就完成這個練習，下一個是覆寫掉 add，讓它可以接受索引作為參數，並將新值依指定的索引值進行儲存，必要的話必須移動其他的元素以騰出空位。

一樣，先閱讀文件 *http://thinkdast.com/listadd*，實作並執行測試看看是否符合預期。

提示：請避免重複擴大列陣的程式碼。

最後一個，是要實作 remove，文件在 *http://thinkdast.com/listrem*，當你完成後，所有的測試應該都要通過。

都弄完了以後，你就有自己的實作版本了，請將它和我的版本比對一下， 我的程式放在 *http://thinkdast.com/myarraylist*。

第三章

ArrayList

這章要來個一石二鳥，我一邊會說明上一章練習的解答，同時用**平攤分析法**（**amortized analysis**）來作演算法效能評估。

評估 MyArrayList 方法

我們可以用檢視程式碼的方法來得知它的時間複雜度，舉例來說，以下是 MyArrayList 的 get 方法實作：

```
public E get(int index) {
    if (index < 0 || index >= size) {
        throw new IndexOutOfBoundsException();
    }
    return array[index];
}
```

所有在 get 裡的動作執行時間都是常數，所以 get 屬於常數執行時間，這一點是沒有問題的。

get 評估完了，我們要用同一個方法來評估 set，以下程式碼是我們前一個例子中實作的 set 方法：

```
public E set(int index, E element) {
    E old = get(index);
    array[index] = element;
    return old;
}
```

這段程式碼中有一個取巧的地方，就是它沒有去檢查陣列的邊界，它利用呼叫 get 方法來解決這件事，因為索引值不合法的話，get 會丟出例外。

set 中的所有東西，包含呼叫 get，都是常數時間，所以 set 也屬於常數執行時間。

接下來要看的 indexOf 方法，是屬於線性時間：

```
public int indexOf(Object target) {
    for (int i = 0; i<size; i++) {
        if (equals(target, array[i])) {
            return i;
        }
    }
    return -1;
}
```

每一次迴圈執行時，indexOf 都會呼叫 equals，所以我們要先看看 equals 的內容：

```
private boolean equals(Object target, Object element) {
    if (target == null) {
        return element == null;
    } else {
        return target.equals(element);
    }
}
```

裡面又呼叫了 target.equals，這個方法的執行時間或許會與 target 或 element 的大小有關，但和陣列本身的大小無關，所以評估 indexOf 時，我們把它視為常數時間。

現在回到 indexOf 方法，每個在迴圈中的東西都是常數時間，所以接下來一個要問的問題是，那迴圈本身會執行幾次呢？

最佳情況下，只要一次判斷就找到目標物，最壞情況下，就是要比完所有元素。平均來說，我們需要比對一半的元素，所以這個方法判定為線性時間（除非元素總是就在陣列開頭）。

對 remove 方法的評估也是一樣的，下面是我的實作：

```
public E remove(int index) {
    E element = get(index);
    for (int i=index; i<size-1; i++) {
        array[i] = array[i+1];
    }
    size--;
```

```
        return element;
    }
```

裡面呼叫了 get，它是常數執行時間，然後迴圈從 index 開始走過整個陣列。如果我們移除的目標是在陣列的尾端，那迴圈就一次也不會執行，這個方法也就評為常數時間，如果我們移除的目標在開頭，那我們就要處理陣列裡所有的元素，這樣一來就變成線性時間，所以這個方法判定屬於線性時間（除非我們已知目標一定是在最尾或是很靠近尾端）。

評估 add 方法

下面的 add 方法程式碼，參數是索引和要加入的元素：

```
    public void add(int index, E element) {
        if (index < 0 || index > size) {
            throw new IndexOutOfBoundsException();
        }
        // 取得新元素用的空間
        add(element);

        // 移動其他元素
        for (int i=size-1; i>index; i--) {
            array[i] = array[i-1];
        }
        // 將新元素放到正確位置
        array[index] = element;
    }
```

這是使用兩個參數的版本，呼叫方式是 add(int, E)，裡面用了一個參數的 add 版本，也就是呼叫 add(E) 方法，將新元素直接加到尾端，完成之後，再將其他元素向右移動，最後把目標元素放在正確位置。

要評估兩個參數的 add(int, E) 方法前，我們要先評估一個參數的 add(E)：

```
    public boolean add(E element) {
        if (size >= array.length) {
            // 製作更大的陣列，並將元素複製過去
            E[] bigger = (E[]) new Object[array.length * 2];
            System.arraycopy(array, 0, bigger, 0, array.length);
            array = bigger;
        }
        array[size] = element;
```

```
        size++;
        return true;
    }
```

結果一個參數的版本反而較難分析，如果陣列裡還有空位，那它是常數時間，若碰上需要加大陣列的情況，此時 `System.arraycopy` 的執行時間與陣列大小相關，所以就變成線性時間了。

那麼 add 到底屬於常數還是線性時間呢？我們可以用加入 n 個元素的平均動作來思考，為簡化問題，假設我們現有一陣列，裡面還有 2 個元素的空位：

- 第一次呼叫 add 時，程式認為陣列裡還有空間，所以儲存了 1 個元素。
- 第二次呼叫時，陣列裡還是有空間，所以又儲存了 1 個元素。
- 第三次呼叫時，進行擴大陣列的行動，複製了 2 個元素，並儲存 1 個元素，現在陣列大小是 4。
- 第四次呼叫，儲存 1 個元素。
- 第五次呼叫，進行擴大陣列的行動，複製 4 個元素，並儲存 1 個元素，現在陣列大小是 8 了。
- 接下來的三次呼叫，儲存 3 個元素。
- 再來是複製 8 個元素，並儲存 1 個元素，現在陣列大小是 16。
- 接下來 7 個呼叫儲存 7 個元素。

接著，我們把動作相加起來：

- 四次呼叫之後，我們儲存 4 個元素，複製 2 個元素。
- 八次呼叫之後，我們儲存 8 個元素，複製 6 個元素。
- 十六次呼叫之後，我們儲存 16 個元素，複製 14 個元素。

現在你應該可以看出規則了，作 n 次 add 時，我們儲存 n 個元素，複製 $n-2$ 個元素，所以總共的動作次數是 $n+n-2$，也就是 $2n-2$。

為了求得每次呼叫 add 的平均動作數，所以我們要將總動作數 $/n$，也就是 $2-2/n$，隨著 n 值越大，$2/n$ 值就越小。基於我們只在乎有著最大指數的 n，所以評定 add 屬於常數執行時間。

雖然看起來很像是線性時間的演算法，但是卻是屬於常數時間，感覺有一點怪怪的。其實關鍵在於，每次要擴張陣列時，都是將陣列變成兩倍大小，這件事情會影響每次執行時的元素複製時間。如果我們擴張陣列時不是乘兩倍，而只是加上固定的大小，效能評估結果就會不一樣。

這種依計算連串動作的平均執行次數來分析演算法的方法，稱為**平攤分析法**（**amortized analysis**），你可以在 *http://thinkdast.com/amort* 上讀到更多關於它的資訊，它的重點在於擴張陣列造成的額外複製動作成本，可以“平攤”到每次呼叫中。

現在，已知 `add(E)` 屬於常數時間，那 `add(int, E)` 呢？在呼叫完 `add(E)` 之後，它的迴圈只會移動部份陣列中的元素，除了我們要加的元素是在最尾端的情況之外，這個迴圈是線性的，所以 `add(int, E)` 也評定為屬於線性時間。

Problem size

最後一段範例，我們要看的是 `removeAll`，這是在 `MyArrayList` 中的實作程式碼：

```
public boolean removeAll(Collection<?> collection) {
    boolean flag = true;
    for (Object obj: collection) {
        flag &= remove(obj);
    }
    return flag;
}
```

每次執行迴圈時，`removeAll` 會呼叫 `remove`，`remove` 是線性時間，所以很容易會覺得 `removeAll` 是平方時間，但事實上並不是。

在這個方法中，每次迴圈會為 `collection` 裡的元素執行一次，`collection` 裡又有個 m 個元素，而我們作移除的目標陣列中元素有 n 個，所以這個方法是 $O(nm)$。若 `collection` 的個數是常數個數的話，`removeAll` 就會是線性時間，但 `collection` 的個數若是和 n 相關，`removeAll` 就會是平方時間。舉例來說，若 `collection` 的數量總是小於 100 個元素，`removeAll` 就屬性線性時間，但若 `collection` 通常會含有陣列元素總數 1% 的元素個數，那麼 `removeAll` 就是平方時間。

當我們討論 **problem size** 時，就要很小心“數量”。本範例展示了演算法分析的陷阱，也就是迴圈執行次數。對於一層迴圈演算法，它**通常**是線性時間，若是兩層迴圈演算法，它**通常**是平方時間。但！你還要考慮迴圈執行次數，如果所有的迴圈都是執行 *n* 次（或和 *n* 相關），基本上你就不用再思考每個迴圈執行次數，不過若像是這個範例這樣，不是每個迴圈都執行 *n* 次的話，你就要再好好評估了。

鏈結資料型態

下一個練習題，要改用鏈結串列（linked list）儲存元素，我將會提供部份 `List` interface 的實作程式碼，如果你對鏈結串列不熟，你可以參考 *http://thinkdast.com/linkedlist*，這一小節中也將會有簡單介紹。

物件構成的資料結構是可以被串連起來的，每個單位被稱為“node”，內部含有其他 node 的參照。在一個鏈結**串列**中，每個 node 中都含有可連到下一個 node 的參照。其他鏈結結構，如樹或圖等，每個 node 中有多於一個連結其他 node 的參照。

以下是範例程式的類別定義：

```
public class ListNode {

    public Object data;
    public ListNode next;

    public ListNode() {
        this.data = null;
        this.next = null;
    }

    public ListNode(Object data) {
        this.data = data;
        this.next = null;
    }

    public ListNode(Object data, ListNode next) {
        this.data = data;
        this.next = next;
    }

    public String toString() {
        return "ListNode(" + data.toString() + ")";
    }
}
```

ListNode 物件有兩個變數實例：data 指向某個物件的參照，而 next 內容是指向下一個 node 的參照 ，在串列的最後一個 node 中，next 為 null。

ListNode 提供數種建構子可選用，讓你可以指定 data 和 next 的值，或是用預設值 null 作初始化。

你可以把 ListNode 想成只含單一元素的一個串列，但通常串列裡面有許多個 node。制作一個新的串列也有數種方法，最簡單的就是分別建立數個 ListNode 物件如下：

```
ListNode node1 = new ListNode(1);
ListNode node2 = new ListNode(2);
ListNode node3 = new ListNode(3);
```

然後把它們連起來：

```
node1.next = node2;
node2.next = node3;
node3.next = null;
```

不然，你也可以將建立 node 和連結一起作完，舉例來說，如果你想要在串列的開頭加入新的 node，可以這樣做：

```
ListNode node0 = new ListNode(0, node1);
```

把上面的程式碼都依序做完之後，我們就有 4 個 node，分別含有 Integer 型態資料 0、1、2、3，以昇冪的順序連結在一起，最後一個 node 的 next 變數值為 null。

圖 3-1 是一個物件圖，用來表示物件和參照變數相互關係，在物件圖中變數的名稱會在方塊之中，箭頭表示它參照的對象，物件就是方塊。物件的類別標注在方塊外面（如 ListNode 和 Integer），變數實例則寫在方塊之中。

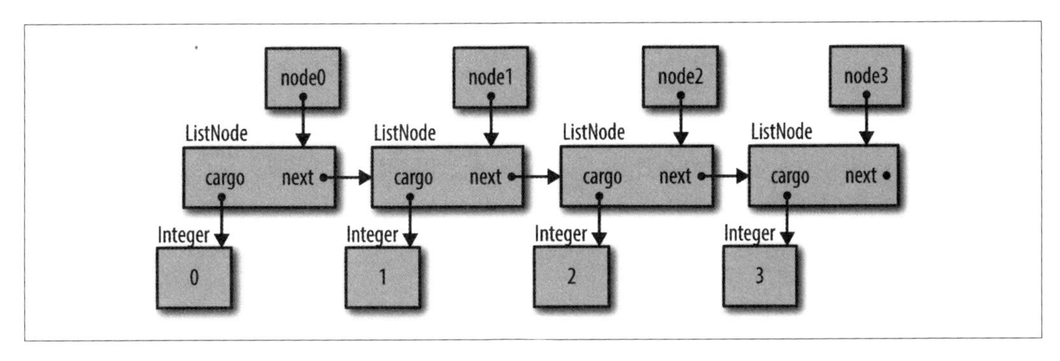

圖 3-1　鏈結串列的物件圖

練習題三

在本書的 repository 中，你可以找到本練習題所需的程式碼檔案：

- MyLinkedList.java 含有用鏈結串列組成的 List interface 部份實作。
- MyLinkedListTest.java 含有用來測試 MyLinkedList 的 JUnit。

用命令 ant MyLinkedList 來執行 MyLinkedList.java，裡面含有幾個簡單的小檢查。

然後再藉命令 ant MyLinkedListTest，來執行 JUnit 測試，此時你將看到數個項目失敗。如果你查看程式碼的話，你會發現標注著三個 TODO 註解，標示了你需要實作的方法。

在你著手開始練習之前，讓我們先來瀏覽一下程式碼，以下是 MyLinkedList 的建構子與變數實例：

```
public class MyLinkedList<E> implements List<E> {

    private int size;            // 用來儲存元素數量
    private Node head;           // 指向第一個 node 的參照

    public MyLinkedList() {
        head = null;
        size = 0;
    }
}
```

如註解中說的，size 用來記錄 MyLinkedList 中有多少元素，head 裡面參照到第一個 Node，如果串列裡是空的話，那它的值就是 null。

儲存元素數量其實不是必要的，而且一般來說保留多餘資訊是件危險的事情，因為若它沒有被正確地維護，可能造成錯誤，而且還多占了一點空間。

不過，如果我們維護正確的 size 值，並實作取得 size 的方法，若該方法僅需常數時間即可完成工作，就不用遍歷整個串列來計算元素個數，省下花費線性時間的成本。

由於我們儲存 size 值，所以在每次移除元素時都要更新該值，所以會稍為花一點時間，不過多花的時間不致於影響時間複雜度，所以是值得的。

建構子會將 head 設為 null，這表示目前串列是空的，並設 size 為 0。

這個類別使用型態參數 E，代表元素型態。如果你對型態參數不熟悉，可閱讀 *http://thinkdast.com/types* 上的介紹。

在 MyLinkedList 中的 Node 定義裡也出現這個型態參數：

```
private class Node {
    public E data;
    public Node next;

    public Node(E data, Node next) {
        this.data = data;
        this.next = next;
    }
}
```

除了這一點之外，這裡的 Node 與 20 頁的“鏈結資料型態”是相似的。

最後，這是我的 add 方法實作：

```
public boolean add(E element) {
    if (head == null) {
        head = new Node(element);
    } else {
        Node node = head;
        // 迴圈一路執行到最後一個 node
        for ( ; node.next != null; node = node.next) {}
        node.next = new Node(element);
    }
    size++;
    return true;
}
```

這個範例有兩件你必須注意的事：

1. 一般來說，第一個元素常要進行特別處理，就像我們在這方法中為串列加入第一個元素的話，就要修改 head 值，若不是第一個元素，就要遍歷串列，找到最後一個，然後加入新 node。
2. 這個方法中使用了 for 迴圈來遍歷串列裡的 node，在你的實作裡，你可能會寫到好幾次這種迴圈，注意我們要在迴圈之前宣告 node，這樣才能在迴圈中存它。

現在換你實作 indexOf 了，和之前一樣先閱讀 *http://thinkdast.com/listindof* 上的文件，這樣才知道要怎麼作，在這也提醒你特別注意 null 值的處理。

和上一個練習題一樣，我會提供一個叫作 equals 的方法來輔助你，它用來比對串列中元素值是否和目標值相同，裡面會把 null 處理妥善。這個是一個 private 方法，只能在類別中使用，但不屬於 List interface 的宣告。

做完之後，再重新執行一次檢驗，testIndexOf 和相關的測試現在應該要成功通過了。

接著你要實作兩個參數的 add 方法，要把值存在被指定的參數索引中。一樣，請先閱讀 *http://thinkdast.com/listadd* 上的文件，再來實作，接著檢驗結果。

最後，實作 remove 方法，文件在此：*http://thinkdast.com/listrem*。完成之後，所有的檢驗應該都要成功通過了。

你全部實作完成之後，請和 repository 中的 solution 目錄裡的版本作比對。

小聊垃圾回收

在前一個練習題的 MyArrayList 中，陣列會隨需求長大，但它卻不會縮小。陣列本身不會被垃圾回收，裡面的元素也不會被垃圾回收，直到串列被消滅為止。

一種進階的做法是在移除元素時將鏈結串列縮小， 這樣一來沒有用到的 node 就馬上會被垃圾回收了。

以下是 clear 方法的實作：

```
public void clear() {
    head = null;
    size = 0;
}
```

若我們把 head 設為 null，這動作會移除對第一個 Node 的參照，如果沒有其他地方會用到這個 Node 時（也不應該有），第一個就會被垃圾回收。此時，第二個 Node 的參照也被移除，所以第二個 Node 也被垃圾回收，這樣的流程會持續到所有的 Node 都被回收。

那麼 clear 的執行時間要如何評估呢？這個方法中含有兩個常數時間動作，所以看起來應該是屬於常數執行時間。不過，當你呼叫它時，你其實也喚起來垃圾回收的動作，而回收的動作和元素的數量相關，所以我們應將它當作屬於線性時間。

當一個程式一切都正常，不過它就是不符合我們所設想的時間複雜度，這種情況稱為**效能漏洞**。像 Java 這種語言在背後做了很多工作，像是垃圾回收和背景執行等，這種漏洞是不容易被發現的。

第四章

LinkedList

本章為前一個練習題提供答案，並繼續討論演算法分析。

評估 MyLinkedList 的方法

我的 indexOf 實作如下面程式碼片段，在看後面的答案前，請試著評估分析時間複雜度：

```
public int indexOf(Object target) {
    Node node = head;
    for (int i=0; i<size; i++) {
        if (equals(target, node.data)) {
            return i;
        }
        node = node.next;
    }
    return -1;
}
```

開頭的 node 取得 head 的值，所以它們參照到的是同一個 Node。迴圈變數 i 值會從 0 跑到 size-1，每次迴圈執行時，用 equals 檢查看看是否能找到目標值，如果可以，就將 i 索引值回傳，否則就繼續檢查下一個 Node。

一般來說，我們會確認下一個 Node 值會不會是 null，不過這裡沒做也不會出問題，因為迴圈會剛好在串列尾端結束（size 跟串列裡的 node 總數是相等的）。

如果迴圈結束仍然找不到目標值，那就回傳 -1。

所以，這個方法的時間複雜度是什麼呢？

1. 每次迴圈都會執行 equals，這個方法是常數時間（它可能和 target 或 data 的大小有關，但是和串列的大小無關），迴圈中的其他動作也是常數時間。
2. 迴圈可能執行 n 次，因為在最壞情況下，我們要遍歷完整個串列。

所以這個方法的執行時間和串列大小 n 相關。

接著，下面是兩個參數 add 的實作，一樣，請你在看說明之前先試著評估它：

```
public void add(int index, E element) {
    if (index == 0) {
        head = new Node(element, head);
    } else {
        Node node = getNode(index-1);
        node.next = new Node(element, node.next);
    }
    size++;
}
```

一開始判若 index==0，表示將把 Node 加到串列開頭，所以我們要進行特殊處理，否則我們要遍歷串列，找到位於 index-1 的元素，所以我們要用輔助方法，也就是下面的 getNode：

```
private Node getNode(int index) {
    if (index < 0 || index >= size) {
        throw new IndexOutOfBoundsException();
    }
    Node node = head;
    for (int i=0; i<index; i++) {
        node = node.next;
    }
    return node;
}
```

getNode 會檢查 index 值是不是合法，如果不合法就丟出例外，不然就遍歷串列並回傳找到的 Node。

讓我們回到 add 方法，一旦我們找到想要插入 Node 的位置，就會建立新的 Node，並將它放到 node 和 node.next 中間。你可以試著畫圖來思考這個行為，畫圖有助理解。

接下來的問題是，add 的時間複雜度為何呢？

1. getNode 和 indexOf 類似，所以它也屬於線性時間。
2. 在 add 中，getNode 之外的動作都是常數時間。

所以結論是，add 屬於線性時間。

最後，讓我們來看看 remove：

```
public E remove(int index) {
    E element = get(index);
    if (index == 0) {
        head = head.next;
    } else {
        Node node = getNode(index-1);
        node.next = node.next.next;
    }
    size--;
    return element;
}
```

remove 用了 get 來尋找儲存在 index 位置的元素，然後移除它所屬的 Node。

如果 index==0，我們也一樣要處理特殊情況，否則我們會找到位於 index-1 的 node，並跳過 node.next，直接連結 node.next.next，這樣一來就可以把 node.next 從串列裡刪除，刪除後的 node 會被垃圾回收。

最後要將 size 減一，並回傳方法開頭處找到的 node。

那麼 remove 的時間複雜度為何呢？除了線性時間的 get 和 getNode 外，在 remove 方法中的動作都是屬於常數執行時間，所以 remove 是屬於線性時間。

大家看到兩個線性時間運算時，可能會覺得結果應該變成平方時間吧，不過，這個情況只限於兩個動作是巢式關係，如果兩個動作是一前一後的進行，那執行時間是相加的關係，也就是說，如果把兩個 $O(n)$ 動作相加，那結果還是 $O(n)$。

比較 MyArrayList 和 MyLinkedList

下面的表匯總 MyArrayList 和 MyLinkedList 間的差異，其中 1 表示 $O(1)$ 也就是常數時間，n 表示 $O(n)$，也就是線性時間：

	MyArrayList	MyLinkedList
add (加到尾端)	**1**	n
add (加到開頭)	n	**1**
add (一般情況)	n	n
get / set	**1**	n

	MyArrayList	MyLinkedList
indexOf / lastIndexOf	n	n
isEmpty / size	1	1
remove (刪除尾端)	**1**	n
remove (刪除開頭)	n	**1**
remove (一般情況)	n	n

MyArrayList 在將元素加到尾端、刪除尾端資料和取出和存取指定元素時表現較佳。

MyLinkedList 在將元素加到開頭、移除開頭資料時表現較佳。

其他的動作，兩者的時間複雜度相同。

所以，哪一種實作比較好呢？這要看你的應用會使用到哪種動作的機會較多，這也就是為何 Java 要提供多種實作的理由了。

測量

下一個練習題，我準備了一個叫 Profiler 的類別，它的程式碼會把多個 problem size [譯註] 當成參數呼叫一個方法，並測量執行時間和繪製結果。

你將會使用 Profiler 來評定 Java 實作 ArrayList 和 LinkedList 中的 add 方法執行效能。

以下是如何使用 profiler 的範例程式：

```
public static void profileArrayListAddEnd() {
    Timeable timeable = new Timeable() {
        List<String> list;

        public void setup(int n) {
            list = new ArrayList<String>();
        }

        public void timeMe(int n) {
            for (int i=0; i<n; i++) {
                list.add("a string");
            }
        }
    };
```

譯註　problem size 的意思就是當下要討論的問題大小。

```
        String title = "ArrayList add end";
        Profiler profiler = new Profiler(title, timeable);

        int startN = 4000;
        int endMillis = 1000;
        XYSeries series = profiler.timingLoop(startN, endMillis);
        profiler.plotResults(series);
    }
```

這個方法測量了 ArrayList 的 add 需要花多少執行時間，而 add 做的事情是將元素加到尾端，接下來將解釋這段程式碼，並說明結果。

為了要使用 Profiler，我們需要建立一個叫 Timeable 的物件，並實作它的兩個方法：setup 和 timeMe。setup 方法是用來建立環境，在我們的範例中它建立一個空的串列。timeMe 則是執行我們想測量的動作，在我們的範例中它是將 *n* 個元素加入串列中。

這段範例程式將 timeable 當作一種**無名類別**（**anonymous class**），它在實作 Timeable interface 定義時同時建立物件。如果你對無名類別感到陌生，可以參考 *http://thinkdast.com/anonclass*。

不過呢，做練習題時不懂太多無名類別也是可以的，即使你完全不瞭解它在作什麼，複製程式碼並修改即可。

下一步是建立 Profiler 物件， 參數是 Timeable 物件和一個標題。

Profiler 提供了 timingLoop 方法，用來將 Timeable 物件儲存為實例變數，它會呼叫 Timeable 物件裡的 timeMe 方法數次，並帶入不同的 *n* 值。timingLoop 有兩個參數：

- startN 即為 *n* 值，就是迴圈開始的值。
- endMillis 是一個以微秒（millisecond/ms）為單位的邊界值，隨著 problem size 值變大，timingLoop 的執行時間也會變長，當執行時間超過這個邊界值時，timingLoop 就會停下。

當你開始作實驗時，你可能會需要調整參數值，對於一些過小的 startN 值，測量出來的執行時間可能太短導致產生精確度誤差。如果 endMillis 太低，你可能無法取得足夠的資料來看出 problem size 和執行時間之間的關係。

程式碼在 ProfileListAdd.java，你可以在練習題中執行它，當我執行它時，得到的結果為：

```
4000, 3
8000, 0
16000, 1
32000, 2
64000, 3
128000, 6
256000, 18
512000, 30
1024000, 88
2048000, 185
4096000, 242
8192000, 544
16384000, 1325
```

第一個欄位是 problem size，也就是 *n* 值，第二個欄位是以微秒為單位的執行時間，開頭的幾個測量看起來會有誤差，最好將 `startN` 設定為 64000 左右。

`timingLoop` 的執行結果是 `XYSeries`，如果將結果傳給 `plotResults` 方法，它將會產出如圖 4-1。

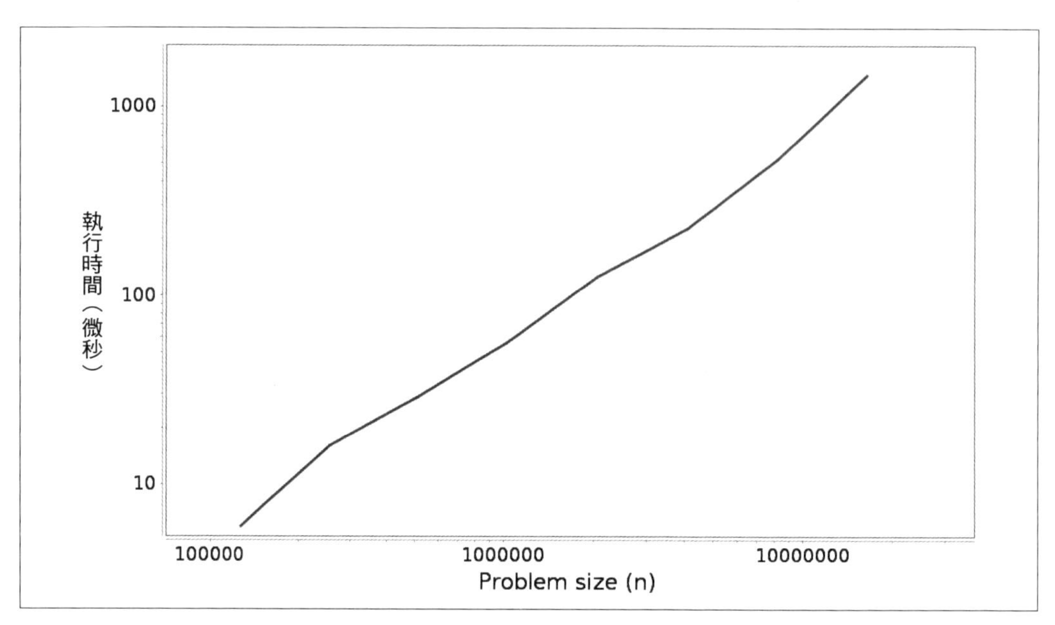

圖 4-1　測量結果：使用 ArrayList 的 add，並帶入多種不同的 problem size 值。

接下來的一節，是如何解讀結果。

結果解讀

基於我們對 ArrayList 動作原理的瞭解，若用 add 方法將元素加到尾端，應該是屬於常數時間，所以對於執行 n 次的 add，測量結果應該是線性的。

為了要證明這個理論，我們將 problem size 和執行時間畫成關係圖，我們應該要看到一條直線（至少在 problem size 值夠大的情況下），我們可把這條線寫成數學式：

$$\text{runtime} = a + bn$$

其中 a 是截距（intercept），b 是斜率（slope）。

若 add 屬於線性時間，那麼執行 n 次 add 的結果，就會是平方時間，如果將執行時間和 problem size 繪成圖，應該要看到拋物線，寫成數學式是：

$$\text{runtime} = a + bn + cn^2$$

如果數據漂亮的話，我們應該很容易可以看到直線和拋物線的差異，不過如果測量數據誤差太大，也有可能看不出來。對於數據誤差的解決方法，最好就是將執行時間和 problem size 進行 **log-log** 處理。

為何呢？讓我們假設執行時間和 n^k 相關，但我們不知道 k 到底是多少，我們可以將它寫為數學式：

$$\text{runtime} = a + bn + \ldots + cn^k$$

當 n 值夠大時，只有擁有最大指數的項才有意義，所以：

$$\text{runtime} \approx cn^k$$

其中 ≈ 代表近似於，現在我們可以將等式的兩邊套上 log-log：

$$\log\ (\text{runtime}) \approx \log(c) + k \log(n)$$

這個方程式的意思是，如果我們將執行時間和 n 以 log-log 方法繪製，應該要看到具有截距 $\log(c)$ 和斜率 k 構成的直線。截距在這不重要，但斜率代表時間複雜度，若 $k = 1$ 時，演算法是屬於線性時間，如 $k = 2$ 時，演算法屬於平方時間。

回頭看看上一節的圖，你可以用眼睛估計一下斜率，不過當你呼叫 plotResults 時，它會計算最小開根值，並印出斜率，在我們的範例中，它是：

```
Estimated slope = 1.06194352346708
```

該值很接近 1，所以表示 n 次呼叫 add 的執行時間是線性的，所以每次呼叫 add 都是常數時間，如我們預期的相同。

有一個重點是，如果你看到圖上是一條直線，不表示演算法屬線性時間，如果執行時間和 n^k 相關，應該可以看到一條具斜率 k 的直線，如果該線斜率是 1，那演算法是屬於線性時間，若斜率接近 2，那就是平方時間。

練習題四

在本書資源中，你可以找到本練習題所需的檔案：

1. Profiler.java 裡面有前面小節裡 Profiler 類別的實作，你將使用這個類別，但你不需要知道它動作的細節，若有興趣可以閱讀它的程式碼。
2. ProfileListAdd.java 裡有本練習題初始程式碼，包含前一節用到的範例，你將修改這個檔案，並用來測量幾個其他的方法。

另外，在 code 目錄下，你可以找到 Ant 組建檔 build.xml。

1. 執行 ant ProfileListAdd，以執行 ProfileListAdd.java 檔，你將會得到類似圖 4-1 的圖，不過你可能會需要調整一個 startN 或 endMillis 值就是了。預估斜線應該接近 1，表示 n 個 add 呼叫而增加的時間與 n 增大的關係為指數 1 左右，表示屬於 $O(n)$。
2. 在 ProfileListAdd.java 中，你會看到一個名為 profileArrayListAddBeginning 的方法，請用來測試 ArrayList.add 的程式碼寫在這個程式碼中，並指定將新元素加到串列開頭。當你要作 profileArrayListAddEnd 時，應該只要小改幾個地方即可。記得在 main 中加一行呼叫 profileArrayListAddBeginning 方法。
3. 再次執行 ant ProfileListAdd 方法，並解讀結果。據我們對 ArrayList 的理解，每個 add 動作應該要屬於線性時間，所以 n 次 add 的呼叫應該呈現平方時間，如果結果的確如此，請用 log-log 方法估計線的斜率，結果是不是接近 2 呢？
4. 現在請將結果與 LinkedList 相比，請將 profileLinkedListAddBeginning 改為可以評估 LinkedList.add（一樣將元素加到開頭），你預期執行時間是如何呢？出來的結果和你預期的一樣嗎？
5. 最後，實作 profileLinkedListAddEnd，用它來評估 LinkedList.add（將元素加到尾端），你預期執行時間是如何呢？出來的結果和你預期的一樣嗎？

我會在下一章說明結果和答案。

第五章

雙向鏈結串列

本章要回顧前一章練習題的結果，並且也會介紹一種新的 List interface 實作，雙向鏈結串列（Doubly Linked List）。

效能測量結果

在前一個練習題中，我們用了 Profiler.java，對 ArrayList 和 LinkedList 代入不同的 problem size 值進行動作。描繪了執行時間和 problem size 的 log-log 關係圖，並估算了結果的斜率，也就是執行時間和 problem size 關係中的最大指數。

來舉個例，當我們使用了 add 方法，將元素加到 ArrayList 的尾端，我們發現 n 次 add 的總執行時間和 n 相關；也就是說，估算出來的斜率近似 1，所以得到 n 次 add 執行時間屬於 $O(n)$，所以平均來說，add 屬於常數執行時間 $O(1)$，也等於我們用演算法評定出的結果。

練習題中要求你實作 profileArrayListAddBeginning 方法，用來檢驗加入元素到 ArrayList 開頭的效能，由於這動作必須將元素向右移動，所以我們預期每次呼叫 add 時，是屬於線性執行時間，所以 n 次 add 即為平方時間。

解答在此，你可以在 repository 的 solution 目錄找到這些程式碼：

```
public static void profileArrayListAddBeginning() {
    Timeable timeable = new Timeable() {
        List<String> list;

        public void setup(int n) {
            list = new ArrayList<String>();
        }
```

```
            public void timeMe(int n) {
                for (int i=0; i<n; i++) {
                    list.add(0, "a string");
                }
            }
        };
        int startN = 4000;
        int endMillis = 10000;
        runProfiler("ArrayList add beginning", timeable, startN, endMillis);
    }
```

這個方法和 profileArrayListAddEnd 幾乎一模一樣，差別只在於 timeMe，這裡用了兩個參數版本的 add，將新元素放置在指定的位置。另外，為了多得到一組測量資料，所以將 endMillis 加大。

以下是時間測量結果（左邊是 problem size，右邊是以微秒為單位計算的執行時間）：

```
4000, 14
8000, 35
16000, 150
32000, 604
64000, 2518
128000, 11555
```

圖 5-1 是執行時間和 problem size 圖。

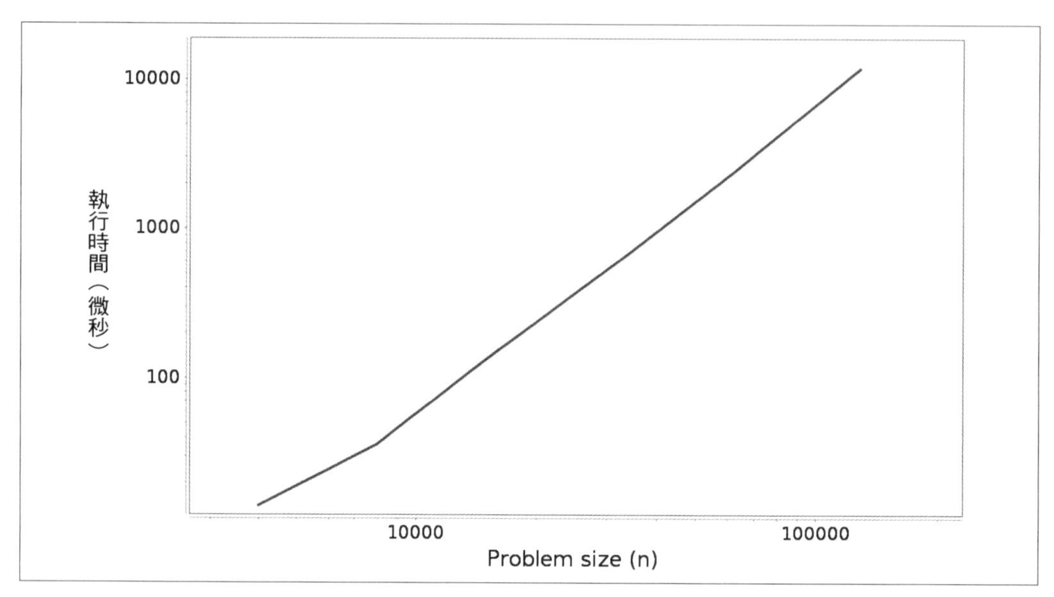

圖 5-1　測量結果：將 n 個元素加入 ArrayList 開頭的執行時間和 problem size 關係圖

注意圖中的直線不代表演算法屬於線性時間，如果執行時間與 n^k 相關，那我們就應該要看到斜率為 k 的直線，在這個練習題中，我們預期作 n 次 add 的執行時間與 n^2 相關，所以應該要看到一條斜率為 2 的直線，事實上測量結果的斜率大約是 1.992，已經相當接近了。

測量 LinkedList 方法

前一個練習題中，你測量了將新元素加到 `LinkedList` 開頭的效能，基於我們分析結果，因為在 linked list 中，不用移動既有元素，所以每次 add 的執行時間是常數時間，可以直接把新元素加到開頭，執行 n 次 add 結果會是線性的。

以下是解答：

```
public static void profileLinkedListAddBeginning() {
    Timeable timeable = new Timeable() {
        List<String> list;

        public void setup(int n) {
            list = new LinkedList<String>();
        }

        public void timeMe(int n) {
            for (int i=0; i<n; i++) {
                list.add(0, "a string");
            }
        }
    };
    int startN = 128000;
    int endMillis = 2000;
    runProfiler("LinkedList add beginning", timeable, startN, endMillis);
}
```

以上程式中，我們只修改了少數部份，包括將 `ArrayList` 改為 `LinkedList`，並調整 `startN` 和 `endMillis` 以得到比較好的測量資料。測量結果雜訊較之前來說較多，以下是結果：

```
128000, 16
256000, 19
512000, 28
1024000, 77
2048000, 330
4096000, 892
8192000, 1047
16384000, 4755
```

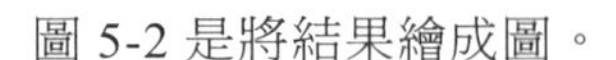

圖 5-2 是將結果繪成圖。

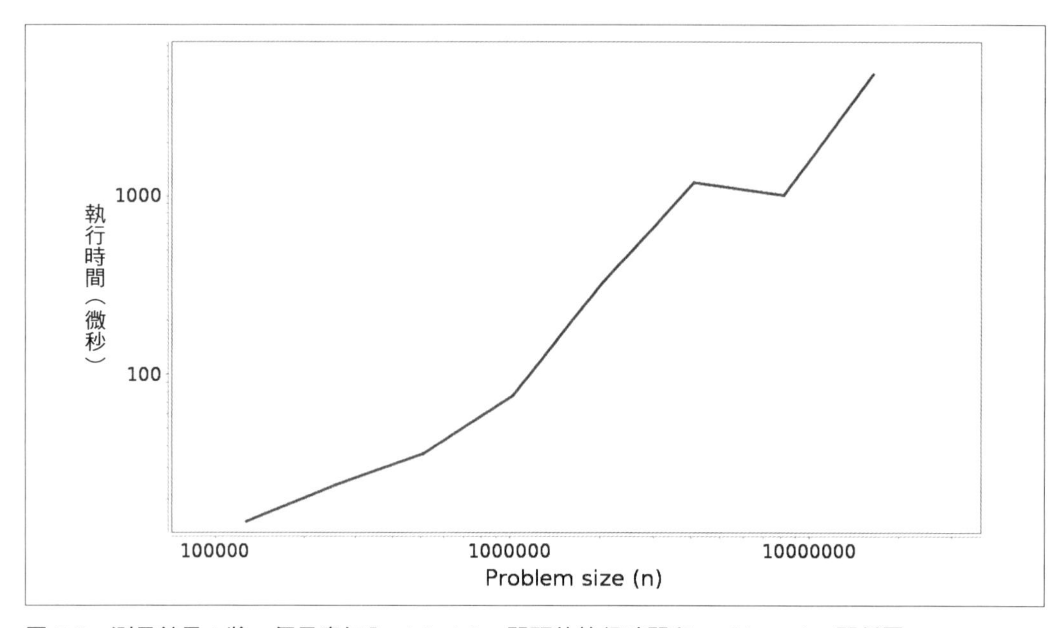

圖 5-2　測量結果：將 n 個元素加入 `LinkedList` 開頭的執行時間和 problem size 關係圖

圖中的線不直，斜率也不是 1，用最小平方法求得的斜率為 1.23，但這些結果仍然表示執行 n 次 add 的執行時間結果大約是 $O(n)$，所以每個 add 的執行時間為常數時間。

將元素加到 LinkedList 的尾端

以我們評估的結果來說，將元素加到開頭的這個行為來看，`LinkedList` 執行效率比 `ArrayList` 快。但若是將元素加到尾端呢，`LinkedList` 執行效率比 `ArrayList` 慢。在我們的實作中，由於要穿過整個 list 才能將元素加到尾端，所以要花去線性時間，因此我們認為執行 n 次 add 的結果，應該是平方時間。

但事實上呢？並不是這樣，下面是程式碼：

```
public static void profileLinkedListAddEnd() {
    Timeable timeable = new Timeable() {
        List<String> list;

        public void setup(int n) {
            list = new LinkedList<String>();
```

```
            }

            public void timeMe(int n) {
                for (int i=0; i<n; i++) {
                    list.add("a string");
                }
            }
        };
        int startN = 64000;
        int endMillis = 1000;
        runProfiler("LinkedList add end", timeable, startN, endMillis);
    }
```

測量結果如下：

```
64000, 9
128000, 9
256000, 21
512000, 24
1024000, 78
2048000, 235
4096000, 851
8192000, 950
16384000, 6160
```

圖 5-3 是將測量結果繪製成圖。

一樣的，測量結果呈現雜訊大的情況，所以不是一直線，但計算出來的斜率是 1.19，與元素加到開頭的斜率近似，而不是我們原來評估接近 2。事實上，它是比較接近 1，也就是說加入一個元素所花的執行時間是常數值，這到底是怎麼回事？

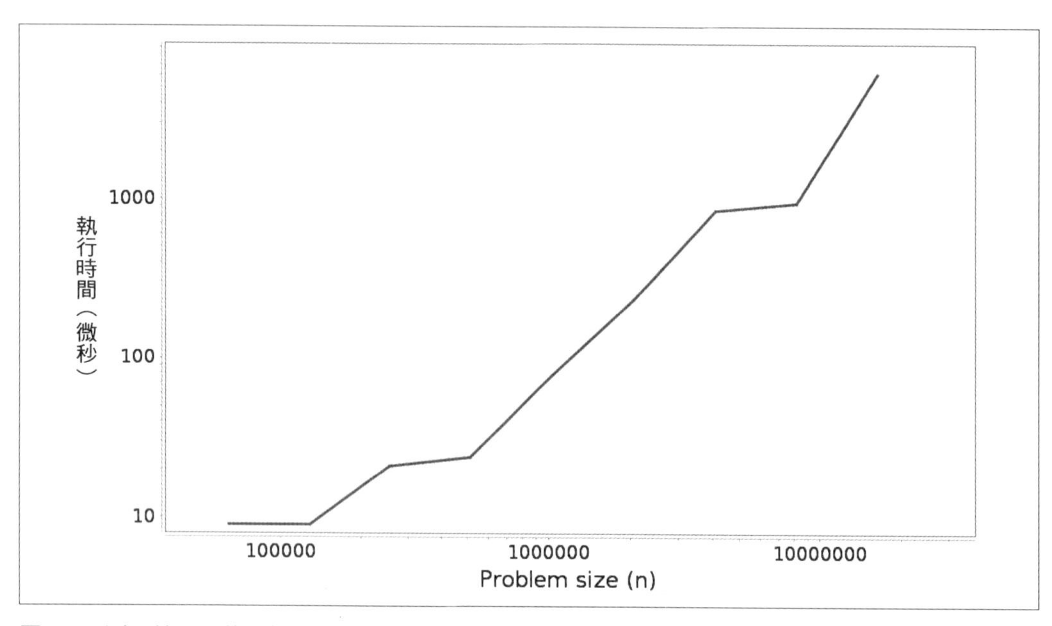

圖 5-3　測量結果：將 n 個元素加入 LinkedList 結尾的執行時間和 problem size 關係圖

雙向鏈結串列

我的 linked list 實作 MyLinkedList 用的是單向鏈結串列（singly linked list），意思是每個元素都只有一個連到下個元素的連結，並且 MyLinkedList 物件本身儲存連到第一個 node 的連結。

但如果你閱讀在 *http://thinkdast.com/linked* 裡關於 LinkedList 的文件，裡面說：

> 雙向鏈結串列實作了 List 和 Deque 介面…所有的動作都以雙向鏈結串列進行，若要插入一個元素到特定 index 中，可以由 list 的頭或尾開始遍歷這個 list，端看從哪端比較接近該指定的 index。

如果你對雙向鏈結串列感到陌生，可以在 *http://thinkdast.com/doublelist* 讀到更多資訊，不過簡而言之：

- 每個 Node 都有指到前一個 node 以及下一個 node 的連結。
- LinkedList 物件擁有指到第一個 node 以及最後一個 node 的連結。

所以我們可以從開頭或尾端開始遍歷 list，也就是說，從開頭或結尾進行加入或移除元素，執行時間都屬常數時間！

以下表格整理了我們對 ArrayList、MyLinkedList（singly linked）以及 LinkedList（doubly linked）的效能評估結果：

	MyArrayList	MyLinkedList	LinkedList
add（加入到結尾）	**1**	n	**1**
add（加入到開頭）	n	**1**	**1**
add（一般加入）	n	n	n
get/set	**1**	n	n
indexOf / lastIndexOf	n	n	n
isEmpty / size	1	1	1
remove（從結尾刪除）	**1**	n	**1**
remove（從開頭刪除）	n	**1**	**1**
remove（一般刪除）	n	n	n

選擇結構

在開頭加入元素時，雙向鏈結串列（doubly linked）實作的效能比 ArrayList 好，在加入元素到結尾時，雙向鏈結串列實作的效能和 ArrayList 一致。所以相比來說，ArrayList 唯一勝出的，只有 get 和 set 的時候，因為不管用哪一種 list 實作都需要線性時間，即使是雙向鏈結串列也一樣。

如果你的應用程式執行時，大多是在做 get 和 set，那麼採用 ArrayList 是比較好的選擇。如果你的應用程式在執行時，大多是在做插入元素到開頭或結尾，那麼使用 LinkedList 就是較好的選擇。

但是請記得，這個建議是基於大量動作下時間複雜度評估結果，所以應考慮以下影響：

- 如果你的應用程式實作在運作上只做了一小部份相關的操作，也就是說，如果大多數時間你的應用程式都在做別的事情，那就算你選擇了 List 實作方法，最後效能也不會差太多。

- 如果你操作的 list 本身不是很大，你也可能達不到預期的效能。在一些問題規模小的時候，有些平方時間演算法執行效能甚至比線性演算法來的好，線性演算法也可能比常數演算法來的好，而且在問題規模小的時候，它們執行時間差異性也不會太大。

- 另外，還要考慮空間複雜度問題，目前為止我們只討論執行時間，但其實不同的實作方法需要花費的空間不同，在 `ArrayList` 中，每個元素緊密儲存在同一塊記憶體空間中，所以浪費的空間有限，而且電腦在處理連續的資料區塊時，通常有較快的效率。不過，在 linked list 中，每個元素需要一到兩個指到其他 node 的連結，這些連結都會占空間（有時占的空間甚至比資料還多！），而且還分散在記憶體裡，硬體動作較為沒有效率。

總的來說，若存在以下條件，演算法分析的結果可以作為選擇資料結構的一個重要參考：

1. 對你的應用程式來說，執行時間非常重要。
2. 應用程式的執行時間會取決於你所選的資料結構。
3. 處理的 problem size 要夠大，讓時間複雜度分析足夠產生結構選擇的差異。

如果不知道這些條件的話，那軟體工程師之路走的就會有點艱辛了。

第六章

Tree 的遍歷

從本章開始到本書結束，要作一個網頁搜尋引擎。在本章我會說明一個搜尋引擎的組成元素以及實作第一個應用，也就是一個可以從 Wikipedia 解析並下載網頁的網頁爬蟲。本章也會分別以遞迴和迭代實作深度優先搜尋，迭代實作中會使用 Java Deque 實作的"後進先出"的 stack（堆疊）。

網頁搜尋

一個像 Google Search 或是 Bing 這樣的**網頁搜尋引擎**，在使用者輸入關鍵字後，回傳內容相關的一堆網頁（之後我會再對"相關"這個詞作說明）。你可以在 *http://thinkdast.com/searcheng* 讀到更多說明，但在這我先向你說明一些必須要先知道的事。

一個網頁搜尋引擎必備的動作有：

Crawling（爬行）

下載、分析網頁以及拆解網頁文字以及指到其他頁面的連結。

Indexing（索引）

是一個資料結構，用來查詢字，並找到包含字的頁面。

Retrieval（檢索）

是一個方法，用來從索引中取得與關鍵字相關的頁面。

我們會從爬蟲開始說起，爬蟲的目的是要找到並下載多個網頁，目的和 Google 和 Bing 搜尋引擎一樣，不過它們的目標是所有的網頁，而通常爬蟲的目標是限定在特定的網域，在我們的例子中，就是 Wikipedia。

第一步，我們要建立一個可以讀取一頁 Wikipedia 頁面的爬蟲程式，然後找到第一個連結，利用第一個連結找到其他的頁面，並重複這個動作。我們會用這個爬蟲來測試“找到 Philosophy”假說，這個假說的內容是：

> 點擊 Wikipedia 任一篇文章主體中第一個小寫連結，然後對此連結的文章也重複作一樣的事，最終會連到一篇叫“Philosophy”文章。

在 *http://thinkdast.com/getphil* 有這個假說的內容，你可以查看它的背景故事。

對這個假說進行測試可以讓我們建立基本的爬蟲，而不用爬過整個 Wikipedia 或網路，而且這個練習感覺還有點有趣呢！

在接下來的幾章，我們會從 indexer 開始實作，最後會作 retriever。

HTML 分析

當你下載一個網頁時，內容是被一種叫 HyperText Markup 的語言所寫成，這種語言又被稱為 HTML，下面就是一個簡單的 HTML 文件範例：

```
<!DOCTYPE html>
<html>
  <head>
    <title>This is a title</title>
  </head>
  <body>
    <p>Hello world!</p>
  </body>
</html>
```

“This is a title”和“Hello world!”這兩串文字是在頁面實際顯示的文字，其他的元素則是用來控制如何顯示文字的 **tag**。

當我們的爬蟲下載一個網頁後，它要解出文字並找到連結，所以要對 HTML 進行分析。我們要用 **jsoup** 來做這一件事，它是一個 Java 開源 library，用來下載和分析 HTML。

HTML 分析的結果將是一個 Document Object Model tree，或稱 **DOM tree**，這種 tree 將會有文件裡所有的元素，包含文字和 tag。它是一個由 node 組成的鏈結資料結構，node 可代表文字、tag 或其他的文件元素。

文件的架構將決定 node 之間的關係，在上面的 HMTL 範本中，`<html>` tag 是第一個 node，也稱為 **root**，root node 連結到另外兩個 node，也就是 `<head>` 和 `<body>`，這兩個 node 稱為 root node 的**子節點**（**children**）。

`<head>` node 有一個子節點 `<title>`，而 `<body>` node 也有一個子節點 `<p>`（也就是"段落"（paragraph）的意思），圖 6-1 是將 tree 用圖形顯示。

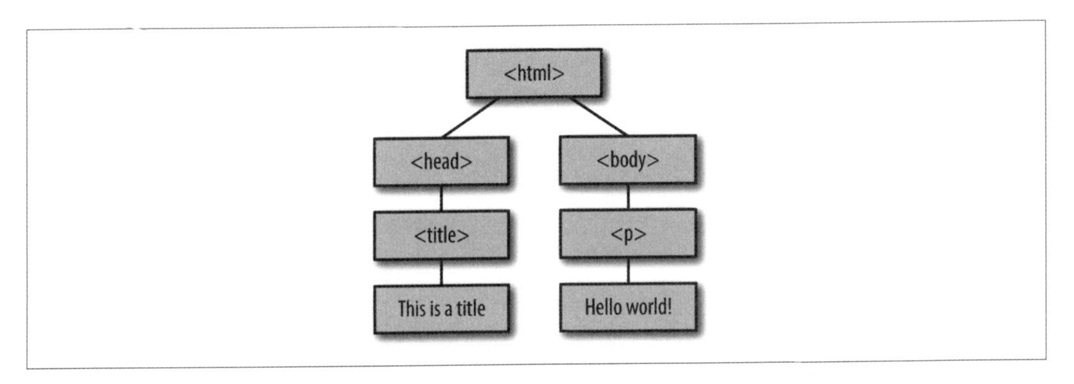

圖 6-1　一個簡單 HTML 的 DOM tree

每一個 node 包含到子節點的連結，另外每個 node 也有到**父節點**（**parent**）的連結，所以每個 node 都知道在樹上向上或向下的資訊。實際上的網頁所做出的 DOM tree 會比這個範例複雜的多。

大多數瀏覽器都提供工具，讓你可以觀看目前頁面的 DOM。在 Chrome 中叫出工具的方法是，在頁面上任意處點擊滑鼠右鍵，從跳出的選單中選擇"Inspect"。在 FireFox 中，你點擊滑鼠右鍵並選擇選單中的"Inspect Element"。Safari 提供的工具叫 Web Inspector，你可以在 *http://thinkdast.com/safari* 讀到更多這工具的詳情，而 Internet Explorer，可以在 *http://thinkdast.com/explorer* 得到詳情。

圖 6-2 是 Wikipedia 裡 Java 頁面的 DOM 觀看畫面，*http://thinkdast.com/java*。畫面上反白處是文章的第一段文字開頭，它被包含在標有 `id="mw-content-text"` 的 `<div>` 元素之中，我們接下來會用這個元素 ID 來識別每個下載文件的文章開頭。

```
<!DOCTYPE html>
<html lang="en" dir="ltr" class="client-js ve-not-available">
▶ #shadow-root (open)
▶ <head>…</head>
▼ <body class="mediawiki ltr sitedir-ltr ns-0 ns-subject page-
Java_programming_language skin-vector action-view">
    <div id="mw-page-base" class="noprint"></div>
    <div id="mw-head-base" class="noprint"></div>
  ▼ <div id="content" class="mw-body" role="main">
      <a id="top"></a>
    ▶ <div id="siteNotice">…</div>
      <div class="mw-indicators">
      </div>
      <h1 id="firstHeading" class="firstHeading" lang="en">Java (programming
      language)</h1>
    ▼ <div id="bodyContent" class="mw-body-content">
        <div id="siteSub">From Wikipedia, the free encyclopedia</div>
        <div id="contentSub"></div>
      ▶ <div id="jump-to-nav" class="mw-jump">…</div>
      ▼ <div id="mw-content-text" lang="en" dir="ltr" class="mw-content-ltr">
        ▶ <div role="note" class="hatnote">…</div>
        ▶ <div role="note" class="hatnote">…</div>
        ▶ <div role="note" class="hatnote">…</div>
        ▶ <table class="infobox vevent" style="width:22em">…</table>
        ▶ <p>…</p>
        ▶ <p>…</p>
        ▶ <p>…</p>
          <p></p>
        ▶ <div id="toc" class="toc">…</div>
          <p></p>
        ▶ <h2>…</h2>
        ▶ <div role="note" class="hatnote">…</div>
        ▶ <div class="thumb tright">…</div>
        ▶ <div class="thumb tright">…</div>
        ▶ <div class="thumb tright">…</div>
        ▶ <p>…</p>
        ▶ <p>…</p>
        ▶ <p>…</p>
        ▶ <p>…</p>
        ▶ <p>…</p>
        ▶ <h3>…</h3>
html  body  #content  #bodyContent  div#mw-content-text.mw-content-ltr  p
```

圖 6-2　Chrome 的 DOM Inspector 截圖

使用 jsoup

jsoup 使得下載、分析網頁和觀看 DOM tree 變得容易，下面是範例：

```
String url = "http://en.wikipedia.org/wiki/Java_(programming_language)";

// 下載並分析文件
Connection conn = Jsoup.connect(url);
Document doc = conn.get();

// 選擇內文並將整段文字取出
Element content = doc.getElementById("mw-content-text");
Elements paragraphs = content.select("p");
```

將 URL 以 String 型態傳入 Jsoup.connect，就可連結網頁伺服器，然後 get 方法下載 HTML 並進行分析，回傳的 Document 物件就是 DOM。

Document 物件提供了在 tree 移動和選擇 node 的方法，事實上，它提供方法多到容易令人搞混，我們的範例展示了 2 種選擇 node 的方法：

- getElementById 傳入的參數是一個 String 型態的 ID，並且會搜尋 tree 裡“id”欄位符合 ID 參數的元素，範例裡搜尋到的是 <div id="mw-content-text" lang="en" dir="ltr" class="mw-content-ltr"> node，代表 Wikipedia 頁面中，包夾住主要文章的 <div> 元素，而不是側邊捲動條或是其他 <div> 元素。

  getElementById 會回傳 Element 物件，該物件代表整個 <div> 及裡面所含的子節點、孫節點等元素。

- select 的傳入參數是 String 型態，功能是遍歷整個 tree，去找出 tag 符合傳入參數的元素。在我們範例中，會回傳在 content 中所有的段落 tag，回傳值是一個 Elements 物件。

在你繼續下去以前，你應該先看一下這些類別的功能為何，最重要的類別是 Element、Elements 和 Node，可以在 *http://thinkdast.com/jsoupelt*、*http://thinkdast.com/jsoupelts* 以及 *http://thinkdast.com/jsoupnode* 取得更多資訊。

Node 代表的是 DOM tree 裡的一個節點，Element、TextNode、DataNode 以及 Comment 都是繼承 node 而來，而 Elements 是 Element 物件的一個集合型態。

圖 6-3 是一張描述這些類別關係的 UML 圖，在一張 UML 類別關係圖中，帶有箭頭的線表示類別繼承，舉例來說，這張圖清楚表示 Elements 繼承了 ArrayList，之後在第 84 頁“UML 類別圖”小節會再看到 UML 圖。

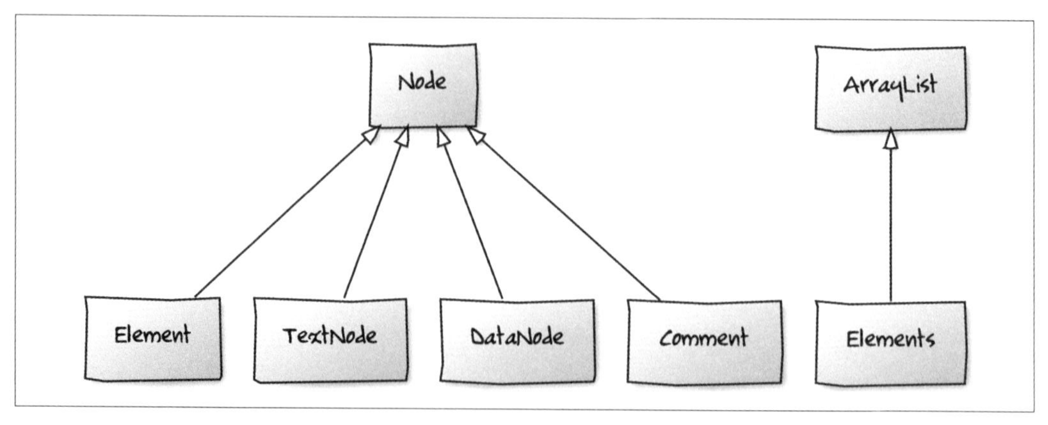

圖 6-3 jsoup 中一些類別的 UML 圖

在 DOM 迭代

為了讓人生更美好，我提供一個叫 WikiNodeIterable 的類別，讓你可以把 DOM tree 裡的 node 都取出來，以下是使用的範例：

```
Elements paragraphs = content.select("p");
Element firstPara = paragraphs.get(0);

Iterable<Node> iter = new WikiNodeIterable(firstPara);
for (Node node: iter) {
    if (node instanceof TextNode) {
        System.out.print(node);
    }
}
```

這個範例補齊了前一個範例沒有的功能，範例開始時選取了第一段文字，裝載在變數 paragraphs 裡，然後建立 Iterable<Node> 的實例 WikiNodeIterable，WikiNodeIterable 會執行**深度優先**（**depth-first search**）的尋訪，按照出現在頁面的先後次序一一的將 node 抓出來。

在這個範例中，雖然 Element 物件裡還有很多 tag，但我們只過濾出符合 TextNode 型態的 Node，並將它的文字內容印出來，其他種類的 Node 就不管了。出來的結果會是 HTML 裡的一段純文字：

> Java is a general-purpose computer programming language that is concurrent, class-based, object-oriented,[13] and specifically designed ...

深度優先搜尋

想要遍歷 tree 有很多方法，應該依當下應用來決定用哪一種。我們先從**深度優先**（**depth-first search**）開始介紹，深度優先簡稱 DFS，DFS 從 tree 的 root 開始，選擇第一個子節點，若子節點還有子節點，那就再選擇第一個子節點。當它位於沒有子節點的 node 時，就向 tree 的父節點移動，此時選擇第二個節點，若沒有第二個節點，就再向父節點移動，當它最後停在 root 的最後一個子節點時，遍歷就完成了。

遞迴和迭代是兩種常見實作 DFS 的方法，其中遞迴的實作看起來既簡單又優雅：

```
private static void recursiveDFS(Node node) {
    if (node instanceof TextNode) {
        System.out.print(node);
    }
    for (Node child: node.childNodes()) {
        recursiveDFS(child);
    }
}
```

從 root 開始，每個 Node 都會呼叫這個方法，如果 Node 符合 TextNode 型態，那就印出內容，如果 Node 有子節點，就會依序為每個子節點呼叫 recursiveDFS。

在這個範例中，我們在遍歷子節點前就會先印出 TextNode 的內容，這是一種“前序”（pre-order）遍歷方法，你可以在 *http://thinkdast.com/treetrav* 讀到更多關於“前序”、“中序”（in-order）和、“後序”（post-order）相關資料，不過在我們的應用範例中，使用哪一種方法都可以。

遞迴呼叫時，recursiveDFS 是利用呼叫堆疊（call stack）（*http://thinkdast.com/callstack*）來追蹤子節點和正確處理的順序。如果要的話，也可以自行追蹤 stack 的資料結構，避免使用遞迴，改用迭代來遍歷 tree。

Java 中的 stack

在我開始說明迭代版本的 DFS 之前，我想要先解釋一下什麼是 stack（堆疊）資料結構，我們會從 stack 的一般概念開始說起，然後會再講到 Java 中兩種定義 stack 的 interface：Stack 和 Deque。

stack 是一種和 list 很像的資料結構，用來維護元素順序的一個集合，stack 和 list 主要的不同是 stack 提供的方法比較少，一般來說有：

- push：將一個新元素加入 stack 頂端。
- pop：回傳並移除 stack 頂端的元素。
- peek：回傳 stack 頂端元素，但不對 stack 作任何修改。
- isEmpty：用來代表 stack 是不是空的。

由於 pop 總是回傳頂端元素，所以 stack 又被稱為 **LIFO**，也就是"last in, first out"（後進先出）的意思，相對於 stack 的是 **queue**，queue 總是照著元素被加入的次序回傳，也就是"first in, first out"，縮寫為 FIFO。

現在一下子可能看不出來 stack 和 queue 有多實用，因為它們的功能 list 都已經提供了；事實上，它們的功能還比較少，這樣幹嘛不都用 list 就好了？原因有以下兩點：

1. 如果限制自己會用到的方法數量（比方說用到的 API 比較少），你的程式就愈不會出錯，舉例來說，如果你用 list 實作 stack 的功能，有可能會刪除不對的元素，但如果是用 stack API，這樣的錯誤幾乎不可能出現。而避免錯誤最好的方法，就是讓錯誤不可能出現。
2. 如果一個資料結構的 API 概念簡單，實作的效率就會好，舉例來說，單向鏈結串列是實作 stack 最簡單的方法，當我們要 push 一個元素到 stack 時，就將它加入 list 的開頭；而要 pop 一個元素時，也只要將開頭的移出刪除即可。對 linked list 來說，加入和移除開頭的元素只要花去常數執行時間，所以實作很有效率，反過來說，若 API 概念複雜時，通常實作就很難有效率。

若想在 Java 裡實作 stack，你有三種選擇：

1. 就用 ArrayList 或 LinkedList，如果選用 ArrayList，那加入和移除就從尾端作，這樣就會是常數執行時間，而且要小心不要將元素加錯地方，也不要刪錯東西。
2. Java 提供一個叫 Stack 的類別，這類別提供標準的 stack 方法集合，但這個類別屬於舊的 Java 部份：也就是和之後要講的 Java Collections Framework 可能不相容。
3. 最好的策略可能是用符合 Deque interface 的類別，像是 ArrayDeque 來實作。

Deque 其實就是“double-ended queue”（雙端佇列）的縮寫，在 Java 中的 Deque interface 規範了 push、pop、peek 和 isEmpty，所以你可以把 Deque 當 stack 用。不過它還提供了更多的方法，可以到 *http://thinkdast.com/deque* 讀到那些方法的相關訊息，只是我們暫時不會用到。

迭代版 DFS

下面是迭代版 DFS，使用 ArrayDeque 來實作 Node 物件 stack：

```
private static void iterativeDFS(Node root) {
    Deque<Node> stack = new ArrayDeque<Node>();
    stack.push(root);

    while (!stack.isEmpty()) {
        Node node = stack.pop();
        if (node instanceof TextNode) {
            System.out.print(node);
        }

        List<Node> nodes = new ArrayList<Node>(node.childNodes());
        Collections.reverse(nodes);

        for (Node child: nodes) {
            stack.push(child);
        }
    }
}
```

參數 root 是我們要遍歷的 tree root，所以開始建立 stack 時，就是先 push root 到 stack 中。

迴圈繼續直到 stack 為空，每次都會從 stack pop 一個 Node，如果這個 Node 是 TextNode 型態，就印出內容。接下來是將子節點 push 到 stack 中，為了要以正確的次序處理子節點，我們要用反序的方法將子節點一一 push 到 stack 中，要做到這一點，就複製子節點到 ArrayList 中，進行序次反轉，再從 ArrayList 中順序取出。

迭代版的 DFS 一個優點是，實作時可以用 Java 的 Iterator，在下一章你就會看到了。

不過，這裡還有一個關於 Deque interface 的注意事項：除了 ArrayDeque 之外，Java 還有另外一個 Deque 的實作，也就是我們的老朋友 LinkedList。LinkedList 同時是 List interface，也是 Deque interface 的實作，可以視應用選擇哪一種介面。舉例來說，如果你將一個 LinkedList 物件指定給 Deque 變數，如下：

```
Deqeue<Node> deque = new LinkedList<Node>();
```

你就可以使用 Deque interface 所定的方法，但不能使用 List interface 所定義的方法。不過，如果你是指定給 List 變數的話：

```
List<Node> deque = new LinkedList<Node>();
```

你就可以使用 List 的方法，但不能使用所有 Deque 方法。假設你是這樣寫的：

```
LinkedList<Node> deque = new LinkedList<Node>();
```

你就可以使用**所有**的方法了，但是若你將兩個 interface 的方法併起來使用，你的程式碼可能變得不好讀，也比較容易出錯。

第七章

找到 Philosophy

這一章的重點是寫一個網路爬蟲來測試“找到 Philosophy”假說，這些在第 41 頁“網頁搜尋”已介紹過了。

開始

在本書 repository 中，你可以找到幫助你開始的程式碼：

1. `WikiNodeExample.java` 裡面有前一章的程式碼，用遞迴和迭代實作 DOM tree 的深度優先尋訪。
2. `WikiNodeIterable.java` 裡面有一個 `Iterable` 類別，用來遍歷 DOM tree，我會在下一節解譯裡面的程式碼。
3. `WikiFetcher.java` 裡有一個工具類別，該類別會使用 jsoup 下載 Wikipedia 網頁。為了要遵守 Wikipedia 的服務條款，所以這個工具類別會限制下載頁面的速度；如果你要求以每秒多於一頁的速率進行下載，它就會在下載下一頁前小睡一會。
4. `WikiPhilosophy.java` 裡面有本練習題的框架，你可依這框架寫程式。

你可以找到 Ant 建置檔 `build.xml`，如果你執行 `ant WikiPhilosophy`，會執行前面一些啟始程式碼。

Iterables 和 Iterators

在前一章，我們看了迭代版的深度優先搜尋，並且說迭代版本較遞迴版本來說，有一個優點是可以使用 Iterator 物件，在一節我們會看到如何實現這一點。

如果你對 Iterator 和 Iterable 介面還不熟悉，可以閱讀 *http://thinkdast.com/iterator* 及 *http://thinkdast.com/iterable*。

請把 WikiNodeIterable.java 檔打開，看到實作了 Iterable<Node> 介面的 WikiNodeIterable，所以我們可以在迴圈裡這樣用：

```
Node root = ...
Iterable<Node> iter = new WikiNodeIterable(root);
for (Node node: iter) {
    visit(node);
}
```

root 就是我們想要遍歷 tree 的 root 節點，visit 方法則是我們“訪問”一個 Node 時想做的事。

WikiNodeIterable 的實作符合一般慣例：

1. 建構子傳入 root Node 作為參數，並會儲存起來。
2. iterator 方法會建立並回傳一個 Iterator 物件。

下面為類別宣告：

```
public class WikiNodeIterable implements Iterable<Node> {

    private Node root;

    public WikiNodeIterable(Node root) {
        this.root = root;
    }

    @Override
    public Iterator<Node> iterator() {
        return new WikiNodeIterator(root);
    }
}
```

內部的 WikiNodeIterator 才是實際執行工作類別：

```
private class WikiNodeIterator implements Iterator<Node> {

    Deque<Node> stack;

    public WikiNodeIterator(Node node) {
        stack = new ArrayDeque<Node>();
        stack.push(root);
    }

    @Override
    public boolean hasNext() {
        return !stack.isEmpty();
    }

    @Override
    public Node next() {
        if (stack.isEmpty()) {
            throw new NoSuchElementException();
        }

        Node node = stack.pop();
        List<Node> nodes = new ArrayList<Node>(node.childNodes());
        Collections.reverse(nodes);
        for (Node child: nodes) {
            stack.push(child);
        }
        return node;
    }
}
```

這個範例類別和迭代版的深度優先搜尋幾乎一樣，差別在它的動作分為三個：

1. 建構子初始化堆疊（用 ArrayDeque 實作）並將 root push 進去。
2. isEmpty 用來檢查堆疊是不是空的。
3. next 方法會 pop 一個 Node，並將它的子 Node 反序 push 回 stack，然後回傳該 Node。如果某人對一個空的 Iterator 作 next 呼叫，將回傳一個例外。

原來的迭代版的深度優先搜尋方法已經蠻好的，為什麼要把它用兩個類別五個方法改寫呢？因為這樣一來原來呼叫 Iterable 的地方都可以改為呼叫 WikiNodeIterable，分離了深度優先迭代程式碼後，程式架構變得簡單。

WikiFetcher

礙於網站可能有服務條款，當你寫了一個網頁爬蟲，一不小心下載頁數過多過快，會導致違反服務條款，我提供一個叫 WikiFetcher 的類別來避免這個問題，這個類別主要做兩件事：

1. 它封裝了我們前一章的下載 Wikipedia 網頁、分析 HTML 和選取內容文字的程式碼。
2. 它會測量不同 request 之間的時間，如果下載時間間距太近，它會睡著直到下次可下載時間，現在下載時間間距預設值是一秒。

以下是 WikiFetcher 的程式碼：

```
public class WikiFetcher {
    private long lastRequestTime = -1;
    private long minInterval = 1000;

    /**
     * 取得並分析 URL 字串，
     * 回傳段落元素清單。
     */
    public Elements fetchWikipedia(String url) throws IOException {
        sleepIfNeeded();

        Connection conn = Jsoup.connect(url);
        Document doc = conn.get();
        Element content = doc.getElementById("mw-content-text");
        Elements paragraphs = content.select("p");
        return paragraphs;
    }

    private void sleepIfNeeded() {
        if (lastRequestTime != -1) {
            long currentTime = System.currentTimeMillis();
            long nextRequestTime = lastRequestTime + minInterval;
            if (currentTime < nextRequestTime) {
                try {
                    Thread.sleep(nextRequestTime - currentTime);
                } catch (InterruptedException e) {
                    System.err.println(
                        "Warning: sleep interrupted in fetchWikipedia.");
                }
            }
        }
```

```
            lastRequestTime = System.currentTimeMillis();
        }
    }
```

唯一的公開方法是 `fetchWikipedia`，它的參數是 `String` 型態的 URL，它會從參數網頁中拆解出文章主體裡的所有段落，以 `Elements` 集合回傳，你應該不會對這個方法程式碼感到陌生。

`sleepIfNeeded` 裡的程式碼是第一次見到，用來檢查上一次 request 後已過了多久，如果時間短於 `minInterval`，那就去小睡一會兒，時間單位是微秒（ms）。

講完了 `WikiFetcher` 的內容，現在看一下怎麼使用它：

```
WikiFetcher wf = new WikiFetcher();

for (String url: urlList) {
    Elements paragraphs = wf.fetchWikipedia(url);
    processParagraphs(paragraphs);
}
```

在這個範例之中，我們假設 `urlList` 是 `String` 型態集合，然後 `fetchWikipedia` 會回傳 `Elements` 物件，這個 `Elements` 物件會被傳入 `processParagraphs` 方法進行一些處理。

這個範例的重點是：你應該建立 `WikiFetcher` 物件來處理所有的 request，如果你有多個 `WikiFetcher` 實例，也不會縮短 request 之間的時間間距。

注意：我的 `WikiFetcher` 實作很簡單，但使用時不小心就會建立多個實例，你可以藉由宣告 `WikiFetcher` 為 **singleton**，來避免這個問題，詳情可參閱 *http://thinkdast.com/singleton*。

練習題五

你可以從 `WikiPhilosophy.java` 中的 `main` 方法裡，看到怎麼使用前面提到的一些程式碼。練習題的目標是要利用在 `WikiPhilosophy.java` 中的程式碼，寫出一個符合以下幾點的網路爬蟲：

1. 接收一個 Wikipedia 網頁，下載並分析該頁。
2. 可以遍歷生成的 DOM tree，並找到第一個**有效**的連結，我會在下面解釋什麼叫做“有效”的連結。

3. 如果該頁沒有任何連結，或是該頁的第一個連結是已知連結，那程式就要顯示錯誤並停止執行。
4. 如果連結指向 Wikipedia 的 philosophy 網頁，那麼程式就顯示成功並離開執行。
5. 否則就回到步驟一繼續執行。

程式應該建一個 List，用來裝載它所訪問過 URL，並在最後將結果顯示出來（無論成功或失敗）。

什麼是“有效”的連結呢？不同版本的“找到 Philosophy”有一些差異，不過以下是你可以參考的規則：

1. 該連結要在網頁內文中，不會在側欄或其他地方。
2. 它不會是斜體字或是在括號之中。
3. 你應該跳過外部連結、指到目前網頁的連結以及指向維基百科中未建立的頁面（red link）的連結。
4. 部份版本的“找到 Philosophy”還會跳過以大寫字元開頭的連結。

你不需要遵循所有的規則，不過我建議你至少要避過括號、斜體還有指向目前網頁連結。

如果你覺得目前所知已足夠開始動作，那就直接開始吧，或是你也可以參考以下提示：

1. 當你遍歷 tree 時，`TextNode` 和 `Element` 是你要處理的兩種 `Node`，如果你找到的是 `Element`，應該需要將它強制轉型才能存取到裡面的 tag 或其他資訊。
2. 當你找到內含連結的 `Element` 時，你要檢查它的父節點裡有沒有 `<i>` 或 `<em>` tag，若有，就表示該連結是斜體。
3. 若要檢查一個連結是不是在括號裡，你必須在遍歷的過程中持續追蹤括號的開始和結束（你的程式最好是可以處理巢式括號（像這樣））。
4. 如果你是從 Java 頁面（*http://thinkdast.com/java*）開始的，應該可以成功到達“Philosophy”頁面（中間要經過七個連結即可，除非在我測試後，網頁內容有變化）。

OK，以上就是練習題的所有提示，現在看你的囉！

第八章

Indexer

現在我們已完成了一個基本的網頁爬蟲，接下來要做的是**索引**的動作。在網頁搜尋的世界裡，所謂的索引（index），指的是可以用查找字並找到出現字的頁面的資料結構。另外，我們額外還想知道每個網頁中字出現的次數，這個次數用來代表網頁和字的關聯度。

舉例來說，如果使用者用“Java”和“programming”當作關鍵字，我們會分別搜尋這兩個字，並得到兩團結果網頁。以“Java”查詢的結果，會是關於 Java 島、Java 咖啡以及 Java 程式語言，而“programming”的查詢結果會是各種程式語言，以及這個字的其他意思。所以我們要在所有的頁面中，去除不相關的，只留下符合 Java programming 的頁面。

現在瞭解了索引的意義和它的動作，便可以開始設計它的資料結構了。

選擇資料結構

索引的核心動作就是**查找**，精確的來說，就是在所有網頁中，找到包含特定字的能力。在這個定義下，最簡單的實作就是在所有網頁中，分別找到含有關鍵字的頁面，但這樣一來執行時間就會是所有網頁裡的所有字數，那就太慢了。

比較好的做法是使用 **map**，它是一個資料結構，這種資料結構是**鍵值對**（**key-value pair**）的集合，並能在集合中快速的以 **key** 來找到對應的 **value**。舉例來說，我們要建的第一個 map 是 `TermCounter`，用來代表一個字出現的次數，key 是字，value 為出現的次數（又稱為“頻率”（frequency））。

Java 提供一個叫 Map 的 interface，規定了 map 應該要具備的方法，其中最重要的是：

get(key)

這個方法會依指定的 key 回傳對應的 value。

put(key, value)

這個方法會在 Map 中加入一組新的 key-value，如果該 key 在 map 中已經存在，它會將該 key 相關的 value 換掉。

Java 其實提供了數種 Map 的實作，我們會使用到其中的 HashMap 和 TreeMap，在接下來的幾章中，我們會用到這兩種實作並分析它們的效率。

除了用來對應 key 和 value 的 TermCounter，我們還會定一個叫 Index 的類別，這個類別用來作字以及所有出現字的網頁對應。這產生一個新問題，我們要如何呈現所有網頁集合呢？如果我們仔細思考我們想作的動作，就會自然有答案了。

我們將會合併兩個或兩個以上的集合，並將每個集合中都有出現的網頁找出來。你可能已經意識到這就是集合中的**交集關係**，交集的地方就是元素共同出現的地方。

和你想的一樣，Java 提供 Set interface，定義了集合應該具備的動作是什麼。雖然它沒有真的作集合交集運算，但它所規定的方法，讓交集和其他集合運算可以有效率進行。Set 的核心方法是：

add(element)

這個方法將 element 加到集合中，如果該 element 已經存在，那就什麼也不做。

contains(element)

這個方法會查看 element 是否已經在集合中。

Java 有數種 Set 的實作，包括 HashSet 和 TreeSet。

現在我們要從 TermCounter 開始，由上到下從裡到外實作資料結構。

TermCounter

TermCounter 是用來代表一個頁面中各別的字，每個字出現次數對應關係的類別。下面是類別定義：

```
public class TermCounter {

    private Map<String, Integer> map;
    private String label;

    public TermCounter(String label) {
        this.label = label;
        this.map = new HashMap<String, Integer>();
    }
}
```

實例變數為 map，用來表示字和次數的對應，另一個是 label，用來代表網頁，內容是 URL。

我選用 HashMap 來實作，它是最常被使用的一種 Map，接下來的幾章，我們會看到它的工作原理，以及為何它最受歡迎的原因。

TermCounter 提供的 put 和 get 方法，定義如下：

```
public void put(String term, int count) {
    map.put(term, count);
}

public Integer get(String term) {
    Integer count = map.get(term);
    return count == null ? 0 : count;
}
```

put 只是一個**方法包裝**（**wrapper method**）而已，當你呼叫 TermCounter 的 put 時，它直接呼叫內部 map 物件的 put 方法。

但 get 方法卻是有做事的，當你呼叫 TermCounter 的 get 時，它會呼叫 map 的 get 方法之外，還會檢查結果，如果字不在 map 中，TermCount.get 回傳 0。將 get 這樣設計是為什要簡化 incrementTermCount 方法，incrementTermCount 方法是用來將字的出現次數遞增的方法：

```
public void incrementTermCount(String term) {
    put(term, get(term) + 1);
}
```

若字是首次出現，get 回傳次數 0，在這個方法中我們會將次數加 1，然後加入一組新的 key-value 到 map 中。

另外，對於製作網頁索引，TermCounter 還有一些實用的方法可用：

```
public void processElements(Elements paragraphs) {
    for (Node node: paragraphs) {
        processTree(node);
    }
}

public void processTree(Node root) {
    for (Node node: new WikiNodeIterable(root)) {
        if (node instanceof TextNode) {
            processText(((TextNode) node).text());
        }
    }
}

public void processText(String text) {
    String[] array = text.replaceAll("\\pP", " ").
                          toLowerCase().
                          split("\\s+");

    for (int i=0; i<array.length; i++) {
        String term = array[i];
        incrementTermCount(term);
    }
}
```

- processElements 的參數是 Elements 物件，也就是 jsoup Element 物件的集合，這個方法是遍歷 Elements 物件，並為每一個元素呼叫一次 processTree。
- processTree 的參數是 jsoup Node，它是一個 DOM tree 的 root。這個方法會遍歷該 tree，並找到包含文字的節點，然後它會將文字部份取出，傳給 processText。
- processText 的參數是字串，這個字串中可能有文字、空白、標點等等。它首先會將標點以空白取代，再來將字串轉為全部小寫，然後將字串拆成一個個的字，接著會為所有字呼叫 incrementTermCount。其中 replaceAll 和 split 方法的參數是**正規表示式**（**regular expression**），你可以在 *http://thinkdast.com/regex* 得到更多相關訊息。

最後，看一下 TermCounter 要怎麼用：

```
String url = "http://en.wikipedia.org/wiki/Java_(programming_language)";
WikiFetcher wf = new WikiFetcher();
Elements paragraphs = wf.fetchWikipedia(url);

TermCounter counter = new TermCounter(url);
counter.processElements(paragraphs);
counter.printCounts();
```

這個範例使用了 WikiFether 物件，從 Wikipedia 下載並分析本文，然後會建立 TermCounter 來計算頁面上的字。

在下一節中，藉由實作一個方法中的程式碼，你會有機會執行這段程式碼，可以知道你是否都已理解了。

練習題六

在本書的 repository 中，可以找到本練習題的原始碼檔案：

- TermCounter.java 包含了前一小節中所有的程式碼。
- TermCountTest.java 裡有針對 TermCounter.java 而作的測試程式碼。
- Index.java 定義了一個類別，這類別是本練習題會用到的。
- WikiFetcher.java 含有前一個練習題中，用來下載和分析網頁的類別。
- WikiNodeIterable.java 裡有用來遍歷 DOM tree 節點的類別。

另外還有 Ant 組建檔 build.xml。

執行 ant build 可編譯上面的原始碼檔，然後執行 ant TermCounter 命令，就會執行前幾節講到的程式碼並印出字及它們出現的次數，印出的東西應該長得像：

```
genericservlet, 2
configurations, 1
claimed, 1
servletresponse, 2
occur, 2
Total of all counts = -1
```

實際上你執行時，字的順序可能會有所不同。

最後一行應該要印出的是所有字出現次數總數，不過由於 size 方法還不完整，所以現在它回傳的值是 -1。請將 size 方法寫完，並再次執行 ant TermCounter，結果應該會變成 4798。

執行 ant TermCounterTest，以確認你的練習題答案完整且正確。

這個練習題還有第二部份，我提供一個 Index 物件的實作半成品，而且需要你幫我補完其中一個方法，以下是類別定義：

```
public class Index {

    private Map<String, Set<TermCounter>> index =
        new HashMap<String, Set<TermCounter>>();

    public void add(String term, TermCounter tc) {
        Set<TermCounter> set = get(term);

        // 如果是新的字，就建立一個新的 Set
        if (set == null) {
            set = new HashSet<TermCounter>();
            index.put(term, set);
        }
        // 否則就修改既有的 Set
        set.add(tc);
    }

    public Set<TermCounter> get(String term) {
        return index.get(term);
    }
```

實例變數 index，是字和它的 TermCounter 物件集合 map，每個 TermCounter 代表一個網頁中所有字，以及它們各別出現的次數。

add 方法可為一個 set 加入新的 TermCounter，當我們發現一個新字時，就必須建立新的 set，若不是新字時，就加入既有的 set 中。範例中的 set.add 方法就是用來在既有的 set 中加項目，並不會修改到 index 本身，唯有發現新字時才要修改 index。

最後是 get 方法，它的參數是字，回傳對應的 TermCountr 物件集合。

這個資料結構稍微複雜一點，讓我們回顧一下，Index 含有一個 Map 物件，用來存放與對應 TermCounter 物件集合，每一個 TermCounter 物件是存放每一網頁中，所有字各別出現的次數。

圖 8-1 是這些物件的關係圖，可以看到 Index 物件有實例變數 index，index 參照到 Map。在這個範例中 Map 只有一個字串 "Java"，對應到含有兩個 TermCounter 物件的 Set，每個 TermCounter 物件代表一個含有 "Java" 的網頁。

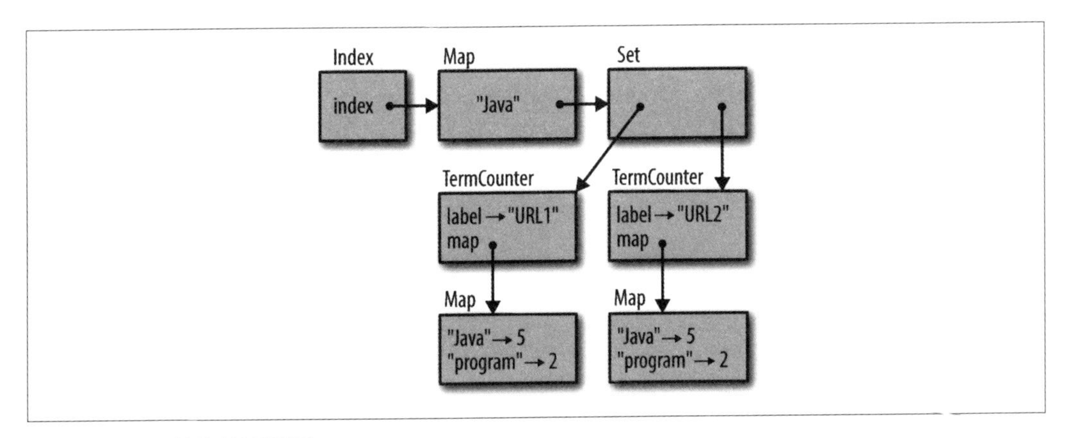

圖 8-1　Index 的物件關係圖

每個 TermCounter 裡都有一個 label，代表一個網頁的 URL，另外還有一個 map，是字和它出現次數的對應。

printIndex 方法可以用來拆開這個資料結構：

```
public void printIndex() {
    // 遍歷每個字
    for (String term: keySet()) {
        System.out.println(term);

        // 印出每個字出現的頁面和次數
        Set<TermCounter> tcs = get(term);
        for (TermCounter tc: tcs) {
            Integer count = tc.get(term);
            System.out.println("    " + tc.getLabel() + " " + count);
        }
    }
}
```

外迴圈負責走過所有字，內迴圈負責走過所有 TermCounter 物件。

執行 ant build 確認你的原始檔可以編譯，然後執行 ant Index。它將下載兩個 Wikipedia 網頁、進行索引並印出結果；但是，現在實際執行時，你看不到任何輸出結果，因為還缺了一個方法實作。

你的任務就是完成 indexPage 方法，它的參數是 URL（String 型態）以及一個 Elements 物件，動作是要更新索引，以下的註解指示你該作什麼事：

```
public void indexPage(String url, Elements paragraphs) {
    // 建立一個 TermCounter，並計算所有段落中的字出現次數

    // 將 TermCounter 加到 index 中
}
```

好了以後，請再次執行 ant Index，你應該要看到以下的輸出：

```
...
configurations
    http://en.wikipedia.org/wiki/Programming_language 1
    http://en.wikipedia.org/wiki/Java_(programming_language) 1
claimed
    http://en.wikipedia.org/wiki/Java_(programming_language) 1
servletresponse
    http://en.wikipedia.org/wiki/Java_(programming_language) 2
occur
    http://en.wikipedia.org/wiki/Java_(programming_language) 2
```

字的順序可能和你實際執行的結果不同。

另外，請執行 ant TestIndex 來確認這個練習題已做完。

第九章

Map 介面

在接下來的幾個練習題中，會看到幾個 Map 介面的實作，第一個實作是基於 **hash table**（**雜湊表**），據傳是最神奇的資料結構。另外一個實作與 TreeMap 相似，沒那麼神奇，但它可以照順序遍歷元素。

你將實作這些資料結構，然後我們會評估它們的效率。

在開始解釋 hash table 之前，我要先用裝載 key-value 的 List，來作一個簡單的 Map 實作。

實作 MyLinearMap

和之前一樣，我會提供練習題基本程式碼，你要幫我完成方法裡缺少的實作，以下是 MyLinearMap 的定義：

```
public class MyLinearMap<K, V> implements Map<K, V> {

    private List<Entry> entries = new ArrayList<Entry>();
```

這個類別使用兩個參數，一個是 K，代表 key 的型態，另外一個是 V 代表 value 的型態。MyLinearMap 是 Map 介面的實作，也就是說，它必須要具備 Map 規範的方法。

MyLinearMap 物件裡面只有一個實例變數 entries，它是 Entry 物件的 ArrayList，每個 Entry 都有一組 key-value，以下是它的定義：

```
public class Entry implements Map.Entry<K, V> {
    private K key;
    private V value;

    public Entry(K key, V value) {
        this.key = key;
        this.value = value;
    }

    @Override
    public K getKey() {
        return key;
    }
    @Override
    public V getValue() {
        return value;
    }
}
```

裡面程式碼不多，一個 Entry 僅代表一組 key-value，這個定義位於在 MyLinearMap 中，所以使用同樣的參數 K 和 V。

練習題所需要的東西已備齊，現在可以開始做了。

練習題七

在本書的 repository 中，你可以找到本練習題的原始碼：

- MyLinearMap.java 含有本練習題要用到的一些程式碼。
- MyLinearMapTest.java 裡是針對 MyLinearMap 的單元測試。

你也可以找到 Ant 組建檔 build.xml。

執行 ant build 來建置程式碼，然後執行 ant MyLinearMapTest，現在應該會有幾項測試都失敗，那是正常的，原因是因為你還沒動手實作的關係。

首先，你要做的是找到 findEntry，它並不是 Map 介面規範的方法，而是個輔助方法，不過一旦你把它弄好以後，在數個方法裡都可以使用它。它的參數是目標 key 值，這個方法會搜尋所有的項目，並回傳和傳入參數 key 匹配的 entry，若找不到，就回傳 null。提醒你，我已經寫好一個 equals 方法，可以用來比較兩個 key，也能正確地處理 null 的情況。

寫好 findEntry 後，你可以再執行 MyLinearMapTest 一次，但即使 findEntry 動作正確，還是會有失敗的測試，這是因為 put 方法還不完整。

請將 put 方法寫完整，請你閱讀 *http://thinkdast.com/listput* 裡關於 Map.put 的文件，讀了文件以後你就知道該做什麼事了。提示你，可先把 put 方法寫成只新增 entry，暫不修改既有的 entry，如此一來就可以先測試比較簡單的情況，如果很有信心，也可以一次就寫完。

完成 put 之後，containsKey 測試應該就會通過了。

請閱讀 Map.get 在 *http://thinkdast.com/listget* 的文件，並請將 get 方法補完，並再次執行測試。

最後，請閱讀 Map.remove 在 *http://thinkdast.com/maprem* 的文件，也請將 remove 方法補完。

都做完後，所有的測試應該都可成功通過了，恭禧！

分析 MyLinearMap

在這一節，我將會解答前一個練習題，並分析裡面核心方法的效能，下面是 findEntry 和 equals 方法：

```
private Entry findEntry(Object target) {
    for (Entry entry: entries) {
        if (equals(target, entry.getKey())) {
            return entry;
        }
    }
    return null;
}

private boolean equals(Object target, Object obj) {
    if (target == null) {
        return obj == null;
    }
    return target.equals(obj);
}
```

equals 的執行時間取決於 target 和 key 的大小，但並不和 entry 總數（也就是 n）相關，所以 equals 的執行時間是常數時間。

在 findEntry 中，如果幸運的話，我們可以在開頭就找到 key，但是這不是絕對的，所以一般來說在所有的項目裡要找到 key 的時間和 *n* 相關，所以 findEntry 執行時間是線性的。

大多數在 MyLinearMap 裡的方法都會用到 findEntry，這些方法包括 put、get 和 remove，以下是這些方法的實作程式碼：

```
public V put(K key, V value) {
    Entry entry = findEntry(key);
    if (entry == null) {
        entries.add(new Entry(key, value));
        return null;
    } else {
        V oldValue = entry.getValue();
        entry.setValue(value);
        return oldValue;
    }
}
public V get(Object key) {
    Entry entry = findEntry(key);
    if (entry == null) {
        return null;
    }
    return entry.getValue();
}
public V remove(Object key) {
    Entry entry = findEntry(key);
    if (entry == null) {
        return null;
    } else {
        V value = entry.getValue();
        entries.remove(entry);
        return value;
    }
}
```

put 呼叫完 findEntry 之後的每件事情都是常數時間，還記得 entries 是一個 ArrayList 嗎？所以將一個元素加到它的**尾端**，以平均來說，會花去常數時間。如果 key 已經在 map 裡了，那我們就不用加入新的 entry，但要改為呼叫 entry.getValue 和 entry.setValue，這兩者均為常數時間，所以總的來說，put 執行時間屬於線性。

同樣的推導也適用在 get，所以 get 也屬於線性執行時間。

remove 就有一點不太一樣的，由於 entries.remove 可能會從 ArrayList 的開頭或中間移除一個元素，所以它會花去線性時間，不過也沒差，因為兩個線性時間動作，還是線性時時間。

所以，結論是核心方法都是線性時間，這就是為什麼它的名字會叫 MyLinearMap 的原因。[譯註]

如果我們已知 entry 的總量很少，這樣的實作應該是很足夠使用了，不過，還有更好的解法。其實有一種 Map 的實作，它的核心方法都只花常數時間即可。第一次聽到的人可能都會懷疑它的可能性，因為這如同在大海裡想撈起一根針，卻只要花常數時間。

我用以下兩步來解釋是怎麼做到的：

1. 不再將 entry 儲存在一個大的 List 中，取而代之是將 entry 儲存在比較小的數個 list 中。我們會對每個 key 使用一種叫 **hash code** 的東西（下一章會解釋），來決定對應要存取的 list 是哪一個。
2. 雖然使用多個小的 list 比只用一個快很多，但我下一章也會解釋，這並沒有減低執行的時間複雜度；核心動作仍然是要花費線性時間，不過，還有另外一個技巧，也就是如果我們藉增加 list 的數量，來限制每個 list 的 entry 總數，結果就會是常數時間。你會在下一個練習題中看到詳細說明，不過在那之前，我們要先學會 hash（雜湊）！

在下一章，我會提出一個方法，用來評估 Map 核心方法的執行效能，也會介紹一些更有效率的實作方法。

譯註　Linear=>線性

第十章

雜湊

這一章我會定義一個叫 MyBetterMap 的類別，和 MyLinearMap 比較起來的話，MyBetterMap 是 Map 介面更好的實作。

雜湊

為了要提昇 MyLinearMap 的執行效率，我們要寫一個新的類別，叫 MyBetterMap，它包含了 MyLinearMap 物件的集合，它以 map 中的 key 作分組，所以這個 map 中的 entry 總量都變小了，這會加快 findEntry 的速度，所以只要使用到 findEntry 方法，也會隨之加快。

以下是類別的初始定義：

```
public class MyBetterMap<K, V> implements Map<K, V> {

    protected List<MyLinearMap<K, V>> maps;

    public MyBetterMap(int k) {
        makeMaps(k);
    }

    protected void makeMaps(int k) {
        maps = new ArrayList<MyLinearMap<K, V>>(k);
        for (int i=0; i<k; i++) {
            maps.add(new MyLinearMap<K, V>());
        }
    }
}
```

實例變數 maps，是 MyLinearMap 物件的一個集合。建構子會代入參數 K，來決定初始時要用多少組 map，makeMaps 則會建立內嵌的 map，並將 map 儲存在 ArrayList 中。

現在，重點來了，我們需要一個方法，來找出一個 key 應該要對應到哪一個 map，當你 put 一個 key 時，我們就會選擇其中一組 map，當我們 get 同一個 key 時，也必須知道之前放到哪兒去了。

一種可能的方法是，隨機挑一組 map，在我們 put 完 key 之後，將該組 map 記下來，但這要怎麼記呢？感覺可以用一個 Map 來查詢 key，以及那個 key 被放去哪一組了，不過練習題的目的本身就是要做一個有效率的 Map 實作，所以我們不能假設已經有有效率的 Map 實作可用。

所以，一個好的方法是，使用 **hash 函式**，它的參數是一個 Object，任何 Object 都可以，回傳 **hash code**（**雜湊值**）。重點是，如果相同的物件呼叫這個函式兩次，那它就要回應相同的 hash code，這樣一來，假設我們用 hash code 儲存一個 key，拿回來的時候才會取得相同的 hash code。

在 Java 中，每個 Object 都有提供一個叫 hashCode 的方法，該方法用來計算雜湊值。不過，這方法在不同物件會有實作差異，我們會在後面加以解釋。

以下是依傳入 key，來選擇 map 分組的輔助方法：

```
protected MyLinearMap<K, V> chooseMap(Object key) {
    int index = 0;
    if (key != null) {
        index = Math.abs(key.hashCode()) % maps.size();
    }
    return maps.get(index);
}
```

如果 key 是 null，我們會選擇索引號為 0 的 map 分組，若不是 null，就呼叫 hashCode 來取得一個整數，利用 Math.abs 來取正整數，然後用 % 運算後，讓整數落入 0 到 maps.size()-1 之間。所以 index 值必為有效的 maps 索引，最後 chooseMap 方法回傳 index 指到的 map。

我們會在 put 和 get 方法中用到 chooseMap，當我們要查找一個 key 時，map 分組也會和我們將該 key 加入當時一樣，理論上是這樣沒錯，不過這裡將會有個問題，之後我會再說明。

接下來是 put 和 get 的實作：

```
public V put(K key, V value) {
  MyLinearMap<K, V> map = chooseMap(key);
    return map.put(key, value);
}
```

```
public V get(Object key) {
    MyLinearMap<K, V> map = chooseMap(key);
    return map.get(key);
}
```

很簡單對吧？在這兩個方法裡，都使用了 chooseMap 來找到對應的 map 分組，然後呼叫該分組的一個方法。這就是動作的原理了，現在我們要思考一下效率問題。

如果總數有 *n* 個 entry，分為 *k* 組，平均來說每組就會有 *n*/*k* 個 entry，當我們找一個 key 時，我們要先花一點時間計算它的 hash code，然後就去對應的組裡進行搜尋。

由於在 MyBetterMap 裡每組的 entry 數量比 MyLinearMap 少 *k* 倍，所以我們找東西的時間應該是快 *k* 倍。不過執行時間仍屬線性時間，所以 MyBetterMap 仍然屬於線性時間，接下來你會看到我們怎麼改進這一點。

雜湊如何運作？

hash 函式的重點是接收同一個物件時，每次應該要產生一樣的 hash code，這對一直存在的物件來說，是很容易的事，但是若物件不是一直都存在，就會稍有一點難度了。

下面是一直不會存在物件的例子，我們稱這個類別為 SillyString，功能是裝一個 String：

```
public class SillyString {
    private final String innerString;

    public SillyString(String innerString) {
        this.innerString = innerString;
    }

    public String toString() {
        return innerString;
    }
```

這個類別是個沒啥功用的類別，我們只是用來舉例類別如何定義自己的 hash 函式：

```
    @Override
    public boolean equals(Object other) {
        return this.toString().equals(other.toString());
    }

    @Override
```

```
public int hashCode() {
    int total = 0;
    for (int i=0; i<innerString.length(); i++) {
        total += innerString.charAt(i);
    }
    return total;
}
```

注意 SillyString 裡面同時覆寫了 equals 和 hashCode 這兩個方法，這很重要，為了要能順利工作，equals 必須要和 hashCode 保持一致才行，意思是 equals 要回傳 true 的情況，那這兩個物件必須要能生成相同的 hash code 才行。不過，如果兩個物件有相同的 hash code，它們並不必是同一個物件。

equals 裡會呼叫 toString，toString 會回傳 innerString，所以兩個 SillyString 物件要相等的話，條件就是它們的 innerString 實例變數要相等。

hashCode 方法做的事情，就是把 String 裡的字元加總起來，當你把一個 character 加到 int 時，Java 會用它的 Unicode code point 進行轉換。在此處你並不需要瞭解 Unicode code point，不過如果你有興趣，可以參考 *http://thinkdast.com/codepoint*。

這個 hash 函式滿足兩個條件：如果 SillyString 物件內嵌的字串相等，那它們就會得到一樣的 hash code。

看起來可以用，不過功能上還是有點問題，因為不同排列順序的字串，有可能得到一樣的 hash code，而且，即使是不止順序不同，也有可能得到一樣的 hash code，比方字串 "ac" 和 "bb"。

如果太多物件產生一樣的 hash code，最後就會指向同一組 map，如果一些 map 組裡的 entry 特別多，那我們原來期待 *k* 組 map 可以增快 *k* 倍效率的事情就吹了。所以製作 hash code 的一個前提就是要盡量的均化，也就是說，取值機會差不多均等。你可以參考 *http://thinkdast.com/hash* 裡面關於如何設計一個好的 hash 函式資訊。

雜湊與可變物件

字串型態是不可變得，而由於 innerString 宣告成 final，所以 SillyString 也是不可變得，一旦你建立了一個 SillyString，你就不能令 innerString 參照到其他的 String。你也無法修改目前參照的 String，所以它永遠都會產生一樣的 hash code。

不過如果是換作可變得物件，情況又會如何呢？下面定義了一個 SillyArray，基本上和 SillyString 一樣，除了它使用字元陣列，而不是使用 String：

```
public class SillyArray {
    private final char[] array;

    public SillyArray(char[] array) {
        this.array = array;
    }

    public String toString() {
        return Arrays.toString(array);
    }

    @Override
    public boolean equals(Object other) {
        return this.toString().equals(other.toString());
    }

    @Override
    public int hashCode() {
        int total = 0;
        for (int i=0; i<array.length; i++) {
            total += array[i];
        }
        System.out.println(total);
        return total;
    }
```

SillyArray 另外提供了 setChar 方法，用來修改陣列中的字元：

```
public void setChar(int i, char c) {
    this.array[i] = c;
}
```

假設現在我們建立了一個 SillyArray，並將它加到一個 map 中：

```
SillyArray array1 = new SillyArray("Word1".toCharArray());
map.put(array1, 1);
```

這個陣列產生的 hash code 是 461，如果我們現在修改陣列，再作一次取 hash code 的動作：

```
array1.setChar(0, 'C');
Integer value = map.get(array1);
```

hash code 變成 441，由於 hash code 變了，所以我們找到錯誤的 map 組，這樣的情況下，即使在 map 中存在我們想找的 key，但不幸地找錯了組別，所以也找不到想找的 key 了。

一般來說，在 MyBetterMap 或 HashMap 這樣的資料結構中，使用可變得物件產生 hash code 是很危險的，如果你能保證 key 在 map 中不會被改變，或是改變不會影響到 hash code，那就還 OK，不過還是盡量避免比較好。

練習題八

在這個練習題中，你將要完成 MyBetterMap 的實作，在本書的 repository 中，你可以找到本題的相關原始碼檔案：

- MyLinearMap.java 含有前一個練習題的解答，這個練習題中我們繼續使用它。
- MyBetterMap.java 裡面是前一個練習題的程式碼，還有你之前實作的一些方法。
- MyHashMap.java 含有能視需求變大的 hash table 雛形，你將在這裡作一點事。
- MyLinearMapTest.java 含有針對 MyLinearMap 作的單元測試。
- MyBetterMapTest.java 含有針對 MyBetterMap 作的單元測試。
- MyHashMapTest.java 含有針對 MyHashMap 作的單元測試。
- Profiler.java 裡面有測量和繪製 problem size 與執行時間關係圖的程式碼。
- ProfileMapPut.java 裡面有測量 Map.put 方法的程式碼。

和之前一樣，先執行 ant build 編譯原始碼檔案，然後執行 ant MyBetterMapTest，有幾個項目會失敗，然後就是你動手的時間了。

回顧一下前一章的 put 和 get 實作，然後把 containsKey 裡的程式碼補完。提示：使用 chooseMap。然後再次執行 ant MyBetterMapTest，確認 testContainsValue 顯示成功通過測試。

將 containsValue 函式內容補完，提示：**不要**使用 chooseMap。再次執行 MyBetterMapTest，並確認 testContainKey 通過測試，要注意我們找 value 的工作比找 key 的工作還多。

如 put 和 get 一樣，由於它是對 map 小組進行搜尋，所以 containsKey 也是線性時間，在下一章，我們會將再縮短這個時間。

第十一章

HashMap

在前一章裡，我們用 hash 實現了 Map interface 的實作，由為它搜尋的範圍比較小，所以我們預期這個版本實作的效率比較好，不過在時間複雜度的位階，它還是一樣屬於線性時間。

如果有 n 個 entry 以及 k 組 map，那每組 map 可以分得的 entry 數量平均來說就是 n/k 個，這量一樣還是與 n 關連（譯按：也就一樣還是線性時間），但如果我們把 k 一路加大到 n 呢？這樣就可以把 n/k 的值壓小了。

舉例來說，假設每次 n 超過 k 的時候，我們就把 k 放大兩倍，這樣一來每組 map 分得的 entry 數量，平均來說就會比 1 個還少，假設 hash 函式產生的 hash 夠分散，應該有每組會少於 10 個的信心吧。

如果每組 map 分得的 entry 量是一個常數，那麼我們對 map 組的搜尋時間就會是常數時間，另外計算 hash 函式通常也是常數時間（這裡的花費時間可能會和 key 的大小相關，但總之不會和 key 的總數相關）。這樣一來，也就會讓 Map 的核心方法 put 和 get，變成常數執行時間。

在接下來的練習題中，你會看到更多詳細資訊。

練習題九

在 MyHashMap.java 中，我作了一個 hash table 的雛形，以下程式碼是定義的開頭部份：

```
public class MyHashMap<K, V> extends MyBetterMap<K, V> implements Map<K, V> {

    // 每組 map 裡平均 entry 數，超過就要重作 hash
```

```
    private static final double FACTOR = 1.0;

    @Override
    public V put(K key, V value) {
        V oldValue = super.put(key, value);

        // 查看每個 map 組裡的數量是否超過設定的值
        if (size() > maps.size() * FACTOR) {
            rehash();
        }
        return oldValue;
    }
}
```

MyHashMap 繼承了 MyBetterMap，所以也繼承了裡面的方法，唯一被覆寫的是 put 方法，新的程式碼一開始會呼叫父類別 MyBetterMap 的 put 方法，然後馬上檢查是否需要重新作 hash。檢查時會呼叫 size 取得 entry 總數 n，呼叫 maps.size 取得 map 分組數，也就是 k。

FACTOR 這個常數，我們稱為**負載因子**（**load factor**），用來標示平均每組 map 可以接受多少 entry 數量，如果 n > k * FACTOR，那就表示 n/k > FACTOR，也就是每組的平均 entry 數超過限定值了，此時我們就要重新作 hash，所以呼叫 rehash。

執行 ant build 來編譯程式碼檔案，然後執行 ant MyHashMapTest。接著你會看到 rehash 丟出的例外，造成測試失敗，你的任務就是把 rehash 方法補完。

呼叫 rehash 會取得所有 hash table 裡的 entry，然後進行改變 hash table 的大小，接著把剛才取得的所有 entry 再放回去。這邊我提供你兩個好用的方法：MyBetterMap.makeMaps 以及 MyLinearMap.getEntries。你寫程式時，記得要在 rehash 被呼叫時，把 k（也就是 map 組數）放大兩倍。

分析 MyHashMap

如果最大的 map 組，擁有的 entry 數量與 n/k 相關，而 k 的成長與 n 呈相關，那麼 MyBetterMap 裡的核心方法都會變成常數時間：

```
public boolean containsKey(Object target) {
    MyLinearMap<K, V> map = chooseMap(target);
    return map.containsKey(target);
}

public V get(Object key) {
    MyLinearMap<K, V> map = chooseMap(key);
```

```
        return map.get(key);
    }

    public V remove(Object key) {
        MyLinearMap<K, V> map = chooseMap(key);
        return map.remove(key);
    }
```

每個方法都會對 key 進行 hash 運算，這個運算是常數時間，算完了以後再呼叫方法存取某個 map 組，也都是常數時間。

目前為止一切都好，但是在 put 這個核心方法中，有一點難分析，因為當我們不需要作 rehash 時，顯然是常數時間，但如果我們需要做 rehash 時，它就變成線性時間了。這個情況就和我們在第 17 頁的"評估 add 方法"小節裡分析 ArrayList.add 方法一樣。

基於平攤分析，如果我們把一堆呼叫作平均的話，會得到 MyHashMap.put 是常數時間的結果（見 17 頁"評估 add 方法"）

假設 map 小組的初始數量為 k，令 $k=2$，並設 load factor 為 1，現在我們來看看如果 put 一連串的 key 的話，有多少工作要作。我們會先把 hash 一個 key 當作基本"單位工作時間"，計算要做幾單位，然後再將它加入 map 組內計算。

我們第一次呼叫 put 的時候，花去 1 單位工作時間，第二次呼叫也是 1 單位工作時間，到了第三次時，必須進行 rehash，所以用了 2 單位工作時間作 rehash，然後再花一單位工作時間 hash 新的 key。

現在 hash 表的大小為 4，所以當下一次我們呼叫 put 時，會花一單位工作時間。但再下一次時，就必須要花 4 單位工作時間進行 rehash，然後再花一單位時間 hash 新的 key。

圖 11-1 是計算的模式圖，圖中下方是一般 hash 一個新 key 所花的時間單位，額外用來 rehash 所花的時間單位是立柱狀。

如箭頭標示處所示，如果我們把柱子推倒，推倒的柱子會填滿到下個柱子前的空間，就會使得平均高度為 2，也就是說每次 put 是花去兩單位工作時間，推導出 put 平均執行時間屬於常數時間的結論。

這張圖同時也顯示了為什麼每次 rehash 時，將每組數量 k 變成兩倍是很重要的事情。如果我們不是把 k 乘兩倍，而只是加上某個值，那柱子和柱子的位置就會變得太近，無法攤平，也就不會得到常數時間這個結果了。

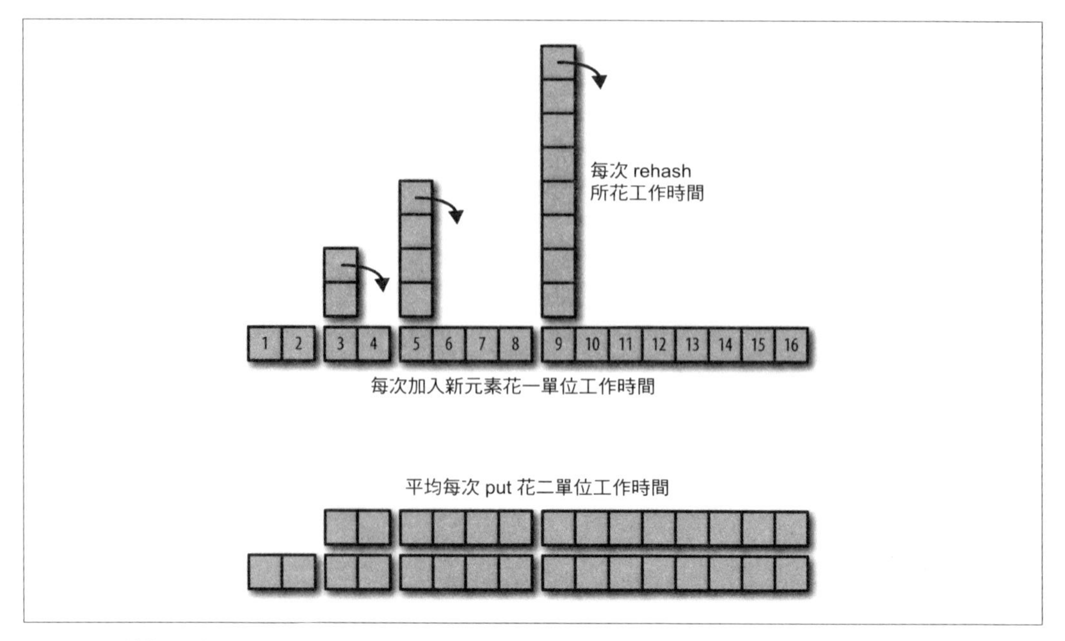

圖 11-1　將新元素加入 hash table 的工作示意圖

取捨

前面已經說明 containsKey、get 和 remove 是常數時間，而 put 平均是常數時間，認真想一下，其實這真的很了不起，不管 hash table 有多大，基本上對這些方法來說，效能都幾乎是一樣的。

還記得我們分析的基礎是用一種簡單的模型，也就是計算“單位工作時間”的方法進行的吧。在真實的電腦上會複雜的多，特別是資料結構體積要夠小，而且要能塞進快取記憶體的資料結構才會快；其次是塞不進快取，但是仍能放在主記憶中的資料結構，執行就會慢一點；如果主記憶體都裝不下的話，那就會很慢了。

這個實作還有一個限制是，如果我們今天找的不是 key，而是要找 value 的話，就不能用 hash 這個方法了：由於要搜尋所有的 map 組，所以 containsValue 要花線性時間，而且也沒有特別有效率的方法，能幫我們依指定 value 來找到對應的 key（或多個 key）。

另外還有一個限制是，原本在 MyLinearMap 裡是常數時間的方法，會變成線性時間，舉例來說：

```
public void clear() {
    for (int i=0; i<maps.size(); i++) {
        maps.get(i).clear();
    }
}
```

clear 用來清除所有的 map 組，而 map 有多少組取決於 *n*，所以它是線性的，幸運地，這個方法並不常用，所以對多數的應用來說，這些缺點是可被接受的。

評估 MyHashMap

在我們繼續下去前，要檢查一下 MyHashMap.put 是不是真的是常數時間。

執行 ant build 編譯原始碼檔案，然後執行 ant ProfileMapPut。這個動作將會用不同的 problem size 測量 HashMap.put（Java 的類別）的執行時間，並且將 problem size 和執行時間畫成 log-log 關係圖。如果測定的目標是常數時間，那 *n* 次測量應該得到線性結果，也就是我們會得到一條斜率接近 1 的直線。當我執行這程式，測量所得的斜率的確很接近 1，這樣的結果和我們估計的結論是一致的，你自己做也應該要有一樣的結果。

修改原來用以測量 Java 的 HashMap 的 ProfileMapPut.java 檔，讓它可以改為測量你的 MyHashMap 實作，改好後再次執行測量，看看斜率是不是等於 1。過程中你可能要調整 startN 和 endMillis 的值，來取得合適進行測量的 problem size 大小，避免只有幾微秒這種太短執行時間，或是太長到分鐘等級。

當我執行這個動作時，嚇了一跳，因為斜率竟然有 1.7，這表示實作不是常數時間，原來程式碼裡有東西導致“效能低下”。

在你進入下一節之前，請你試著將效能問題從程式碼裡排除，修正它，並確認 put 的測量結果為常數時間。

修正 MyHashMap

MyHashMap 的問題在 size 裡，這方法是繼承 MyBetterMap 而來：

```
public int size() {
    int total = 0;
    for (MyLinearMap<K, V> map: maps) {
        total += map.size();
    }
```

```
        return total;
    }
```

這個方法用來計算總數，所以它要遍歷所有的 map 組，由於對每組的數量 k 會根據 n 的值作加倍的動作，所以 `size` 屬於線性時間。

這造成呼叫了 `size` 方法的 `put` 也變成線性時間：

```
    public V put(K key, V value) {
        V oldValue = super.put(key, value);

        if (size() > maps.size() * FACTOR) {
            rehash();
        }
        return oldValue;
    }
```

只要 `size` 保持在線性時間，那我們要把 `put` 變成常數時間的一切努力都白費了。

幸運地，有簡單的解法，而且我們之前就用過了：就是把總數放在一個實例變數中，只要方法被呼叫，就進行一次數量更新。

你可以在本書 repository 裡的 `MyFixedHashMap.java` 找到我的解法，以下是類別定義的開頭：

```
public class MyFixedHashMap<K, V> extends MyHashMap<K, V> implements Map<K, V> {

    private int size = 0;

    public void clear() {
        super.clear();
        size = 0;
    }
```

我沒有直接去修改 `MyHashMap`，而是宣告一個新類別去繼承它，並在新類別中加入新的實例變數 `size`，並初始化為 0。

更新後的 `clear` 變得很簡單，就是叫用父類別的 `clear` 來清除所有 map 組之後，再更新 `size` 就可以了。

更新 `remove` 和 `put` 就稍微麻煩一點，由於我們要呼叫父類別的方法，所以不能確定 map 組的大小有沒有被父類別的 `remove` 行為改變，以下是我的變通方法：

```
public V remove(Object key) {
    MyLinearMap<K, V> map = chooseMap(key);
    size -= map.size();
    V oldValue = map.remove(key);
    size += map.size();
    return oldValue;
}
```

remove 一開始呼叫了 chooseMap 找到正確的 map 組，然後先將該 map 組的 size 減掉，再來對該組叫用 remove，視該組是否含有目標 key，若有的話這動作會成功將 map 組刪去一個單位，若沒有的話就什麼也不改變。不管是哪一種情況，我們會將 map 組的大小加回 size 實例變數，所以最後的 size 值會是正確的。

重新改寫的 put 方法也有一樣顧慮：

```
public V put(K key, V value) {
    MyLinearMap<K, V> map = chooseMap(key);
    size -= map.size();
    V oldValue = map.put(key, value);
    size += map.size();

    if (size() > maps.size() * FACTOR) {
        size = 0;
        rehash();
    }
    return oldValue;
}
```

一樣的問題，當我們對 map 組作 put 時，不能確定最後會不會成功將新 entry 加入，所以我們使用一樣的解法，先減掉舊的大小，最後把新大小加回。

現在 size 方法的實作變簡單了：

```
public int size() {
    return size;
}
```

很明顯的它是常數時間。

當我測量這個解法時，我發現將 n 個 key 加入的時間和 n 相關，這代表如我們預期般，每次 put 都是線性時間。

UML 類別圖

由於本章裡會用到的類別有好幾個，而且還有相依性，所以增加了一點困難度，下面是這些類別的相互關係：

- MyLinearMap 裡有 LinkedList，而且是 Map 介面的實作。
- MyBetterMap 裡面用到很多 MyLinearMap，它也是 Map 介面的實作。
- MyHashMap 繼承自 MyBetterMap，所以它也含很多 MyLinearMap，它也是 Map 介面的實作。
- MyFixedHashMap 繼承自 MyHashMap，它也是 Map 介面的實作。

面對這樣的類別關係，軟體工程師一般會使用 **UML 類別圖**（**UML class diagrams**），UML 是 Unified Modeling Language 的縮寫（請見 *http://thinkdast.com/uml*），**類別圖**是 UML 定義的許多圖形裡的一種。

類別圖中，每個類別都用方框代表，類別間的關係用箭頭表示，圖 11-2 是前一個練習題的 UML 類別圖，使用線上工具 yUML（*http://yuml.me/*）繪製。

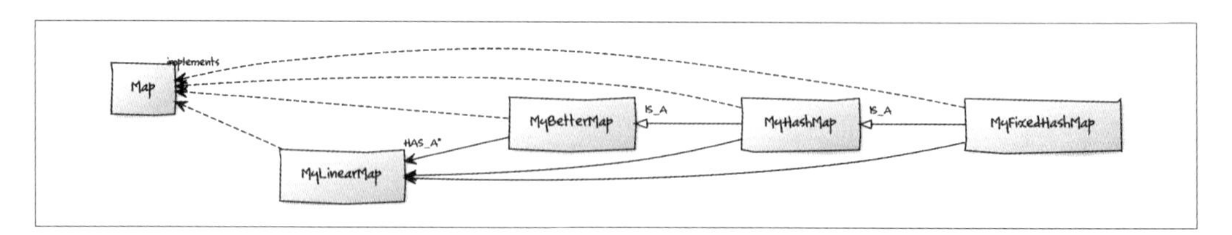

圖 11-2　本章類別的類別關係圖

不同的關係用不同的箭頭表示：

- 實心箭頭表示 HAS-A 關係，舉例來說，每個 MyBetterMap 實例內含多個 MyLinearMap 實例，所以它們是以實心箭頭連結。
- 空心箭頭加實線，表示 IS-A 關係，舉例來說 MyHashMap 繼承 MyBetterMap，所以它們是以 IS-A 箭頭相連。
- 空心箭頭加虛線，表示介面的實作類別，在本圖中，每個類別都是 Map 的實作類別。

UML 類別圖為一群類別提供一整簡潔的表示方法，在設計階段用來溝通討論，實作階段用來維護專案的共用心智模型，在發布階段用來製作文件。

第十二章

TreeMap

這一章要講二元搜尋樹（binary search tree），它是一種很有效率的 Map 介面實作，特別是在元素已排序好的情況下。

Hash 有什麼問題？

現在我們對 Map 介面，以及 Java 提供的 HashMap 已經熟悉了。你也已經用了 hash table 實作過符合 Map 介面的類別實作，現在應該明瞭了 HashMap 是怎麼運作，以及它的核心方法工作時間是常數時間。

由於它的效率很好，所以 HasnMap 被廣泛的使用，但它並不是唯一的 Map 介面實作，以下是幾個你會選用其他的 Map 實作類別的理由：

- hash 這個動作可能要做很久，即使 HashMap 的運作只花常數時間，但這個“常數時間”可能是一個很大的值。
- hash 在 key 可以均勻分配到不同 map 組時，工作效率很好。但是要設計一個好的 hash 函式並不容易，如果不幸地，太多的 key 都掉入同一個 map 組，可能造成最後的效率可能很差。
- 有一些應用其實需要 key 照順序排好，不過 hash table 中的 key 並沒有特定順序，事實上，當 hash table 因為需要長大而進行 rehash 時，順序甚至還會改變。

要一次解決以上的問題並不容易，但 Java 提供了一種叫 TreeMap 的實作，基本上幾乎解決以上的問題：

- 它不需要使用 hash 函式，所以避免了 hash 的成本，以及實作 hash 的困難。

- 在一個 TreeMap 中，key 被存放在**二元搜尋樹**中，用線性的時間就可以依順序遍歷 key。
- 核心方法與 log *n* 相關，雖然不是常數時間，但仍然是非常有效率。

在下一節，我會解釋二元搜尋樹是怎麼運作的，然後你會用它來實作一個 Map 介面，最後我們會評估核心方法的效率。

二元搜尋樹

二元搜尋樹（縮寫 BST），是一種樹，每個 node 內含一個 key，每個 node 都具有以下的"BST 特徵"：

1. 如果 node 有左子，所有在左子樹裡 node 的 key 必定小於 node 本身的 key。
2. 如果 node 有右子，所有在右子樹裡 node 的 key 必定大於 node 本身的 key。

圖 12-1 是含有整數 key 的二元搜尋樹，這張圖是從 Wikipedia 的 binary search tree 頁面（*http://thinkdast.com/bst*）取來的，在你作練習題時可能會參考到這個頁面。

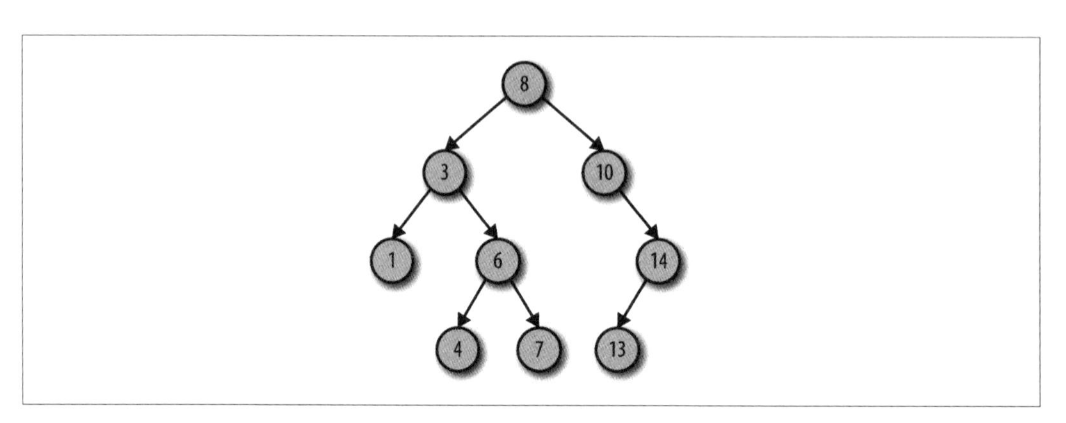

圖 12-1 一個二元搜尋樹的範例

樹根（root）的 key 值是 8，你可以確認看看是否左子樹的 key 都小於 8，右子樹的 key 都大於 8，樹裡面的其他 node 也符合此特性。

由於我們不用在整棵樹裡搜尋，所以在二元搜尋樹裡要找一個 key 是很迅速的，搜尋的方法是從 root 開始，套用以下的演算法：

1. 將目前 node 中的 key 與我們想找的 target 相比，如果相等的話，工作結束。
2. 如果 target 小於目前 node 中的 key，那向左子樹找，如果在左子樹中找不到，那表示樹裡沒有我們要的東西。
3. 如果 target 大於目前 node 中的 key，那就向右子樹找，如果在右子樹中找不到，那表示樹裡沒有我們要的東西。

在樹裡的每一層，你只需要找一個子樹，舉例來說，如果你想在圖裡找 target = 4，你會從 root 開始，root 的 key 是 8，target 小於 8，所以你向左子樹走。然後 target 大於 3，所以你向右子樹走，然後 target 小於 6，所以你又向左走，然後就找到你要找的值了。

在這個例子中，雖然樹裡有 9 個元素，但只作了 4 次比較就找到 target。一般來說，比較的次數是與樹的高度相關，而不是樹裡的總元素數。

所以我們可以怎麼描述樹高 h 和總元素 n 的關係呢？

- 如果 h=1，樹只有 1 個 node，所以 n=1。
- 如果 h=2，樹多了 2 個 node，所以 n=3。
- 如果 h=3，樹又多了 4 個 node，總共 n=7。
- 如果 h=4，樹又多了 8 個 node，總共 n=15。

現在你可能看出一些規律了，如果我們從 root 開始（1 層）數著樹有幾層（n 層），那第 i 層就會有 2^{i-1} 個 node，而具有 h 層高的樹 node 總數就會是 2^h-1 個 node，所以我們令：

$$n = 2^h - 1$$

對兩邊同取 2 為底的 log：

$$log_2 n \approx h$$

這表示如果這棵樹是滿枝（也就是每個層的 node 都是滿的）時，樹高與 log n 相關，

所以，若我們在二元搜尋樹中找特定的 key，只要花與 log n 相關時間即可，這個結論在樹是滿枝，或是部份滿枝時都適用，不過也有例外的時候。

如果一個演算法執行時間與 log n 相關，那它被稱為 **logarithmic** 或 **log time**，時間複雜度屬於 $O(\log n)$。

練習題十

這個練習題你要使用二元搜尋樹作一個 Map 介面實作。

實作從這個宣告開始，命令它為 MyTreeeMap：

```
public class MyTreeMap<K, V> implements Map<K, V> {

    private int size = 0;
    private Node root = null;
```

實例變數 size 用來記錄 key 的總數，實例變數 root 用來存放 tree 的 root 參照。當樹是空的時，root 等於 null，size 為 0。

以下是 Node 的定義，寫在 MyTreeMap 裡：

```
    protected class Node {
        public K key;
        public V value;
        public Node left = null;
        public Node right = null;

        public Node(K key, V value) {
            this.key = key;
            this.value = value;
        }
    }
```

每個 node 都含有一組 key-value，還有指向兩個子 node 的參照值 left 和 right，這兩個參照值可以為 null。

某些 Map 的方法的實作很簡單，如 size 和 clear：

```
    public int size() {
        return size;
    }

    public void clear() {
        size = 0;
        root = null;
    }
```

size 的執行時間明顯是常數時間。

clear 也很明顯是常數時間，但另外要考慮一點：當 root 被設為 null 時，垃圾回收器會回收 tree 裡的 node，這動作會花去線性時間，這些時間要不要加入我們的時間成本呢？我認為是要的。

在下一節，你會開始補完其他方法，包括最重要的 get 和 put 方法。

實作 TreeMap

在本書的 repository 中，你可以找到以下的原始碼檔：

- MyTreeMap.java 含有前一小節的方法雛型定義。
- MyTreeMapTest.java 含有對 MyTreeMap 的單元測試。

執行 ant build 編譯原始碼檔，然後執行 ant MyTreeMapTest，由於你還沒有開始作練習題，所以有幾項測試會失敗。

我會提供 get 和 containsKey 的雛型，這兩個方法都會用到 findNode，它是一個我定義好的 private 方法，並不屬 Map 介面的規範，以下是 findNode 的雛型：

```
private Node findNode(Object target) {
    if (target == null) {
        throw new IllegalArgumentException();
    }

    @SuppressWarnings("unchecked")
    Comparable<? super K> k = (Comparable<? super K>) target;

    // TODO: 這裡要寫程式碼！
    return null;
}
```

參數 target 是我們要搜尋的值，如果 target 為 null，findNode 會丟出一個例外。雖然有一些實作可以處理 key 為 null 的情況，但由於我們用二元搜尋樹，所以要能對 key 作比較的動作，所以處理 null 會有點麻煩。為保持程式碼簡單，所以練習題實作排除 key 值為 null 的情況。

接下來的幾行是，如何把 target 和樹中的 key 作比較。從 get 和 containsKey 的宣告上來說，編譯器會將 target 視為 Object 型態，但我們需要將它和 key 作比較，所以強制轉型為 Compareable<? Super K>，讓它可以和 K 的實例（或 K 的延伸類別）作比較。如果你對**強制轉型**（**type wildcards**）不熟，可以閱讀 *http://thinkdast.com/gentut* 的資訊。

還好處理 Java 的類別系統並不是這個練習題的重點，你的任務是把 findNode 缺失的部份寫完，如果它找到某個 node 裡的 key 等於 target，它就回傳該 node，否則就回傳 null。當你完成後，get 和 containsKey 的測試應該就要通過了。

特別注意，在你的解決方法中，應該只會在樹裡走一條路徑就可以找到答案，而路徑花的時間應和樹高相關，而不是搜尋整棵樹。

你的下一個任務是要補完 containsValue，為了讓你有個起點，我提供一個輔助方法 equals，它用來比較 target 和 value。注意，樹中的 value 值不一定符合 comparable 介面規範，所以不能使用 compareTo 方法，要用 equals 來比較 target。

和前面補完 findNode 時不一樣，containsValue 必須要搜尋整棵樹，所以它的執行時間和 key 的數量相關，也就是 n，而不是樹的高度 h。

下一個你要補完的方法是 put，我也會提供你一些程式碼，這些程式碼已處理了一些簡單的判斷情況：

```
public V put(K key, V value) {
    if (key == null) {
        throw new IllegalArgumentException();
    }
    if (root == null) {
        root = new Node(key, value);
        size++;
        return null;
    }
    return putHelper(root, key, value);
}

private V putHelper(Node node, K key, V value) {
    // TODO: 補完這裡的程式碼。
}
```

如果你試著加入一個 key，該 key 的值為 null 的話，就會丟出一個例外。

如果樹是空，put 就會建立一個新的 node，並將該 node 參照設定給實例變數 root。

否則它就會呼叫 putHelper，這個方法是我定義的一個 private 方法，它並不屬於 Map 介面的一部份。

補完 putHelper 方法，讓它可以搜尋樹，而且：

- 如果樹裡面已經存在要加入的 key，就會以新的值取代舊的值，並回傳舊值。
- 如果樹裡沒有該 key，找到正確的位置建立新的點，並回傳 null。

你的 put 實作，執行時間應該要與樹高 h 相關，而不是和元素總數 n 相關。理想中，你應該只搜尋樹一次，不過如果你覺得搜尋兩次比較簡單的話，也是可以，這樣會慢一點，但還是在同一個時間長成度上。

最後，你要補完 keySet 方法，根據 *http://thinkdast.com/mapkeyset* 上的文件，這個方法應該回傳所有 key 的 Set，順序要符合 compareTo 方法中的比較邏輯。我們在第 61 頁 "練習題六" 中 Set 介面實作 HashSet，並不會照順序排好，但 LinkedHashSet 實作有提供這個排序的功能，你可以在 *http://thinkdast.com/linkedhashset* 讀到相關資訊。

keySet 的雛型如下，它會建立並回傳 LinkedHashSet：

```
public Set<K> keySet() {
    Set<K> set = new LinkedHashSet<K>();
    return set;
}
```

請你完成這個方法，讓它可以回傳一個 Set，將樹裡所有的 key 以大到小回傳。提示：你可以寫一個輔助方法，以遞迴執行，可以做中序遍歷（*http://thinkdast.com/inorder*）。

當你都完成之後，所有的測試應該就要完全通過了，在下一章中，我會提出我的解答，並對其中的核心方法作效率評估。

第十三章

二元搜尋樹

本章會解答前一個練習題，並評估以樹為基底的 map 介面實作。我會提出一個實作上的問題，看看 Java 的 TreeMap 是如何解決這個問題。

一個簡單的 MyTreeMap

在前一個練習題中，我提供了 MyTreeMap 的雛型，請你補完數個方法，現在要來公布解答，就從 findNode 開始吧：

```
private Node findNode(Object target) {
    // 有些實作可以處理 null，但我們這個不能
    if (target == null) {
            throw new IllegalArgumentException();
    }

    // 一個迴避編譯器警告訊息的宣告
    @SuppressWarnings("unchecked")
    Comparable<? super K> k = (Comparable<? super K>) target;

    // 做搜尋
    Node node = root;
    while (node != null) {
        int cmp = k.compareTo(node.key);
        if (cmp < 0)
            node = node.left;
        else if (cmp > 0)
            node = node.right;
        else
            return node;
    }
```

```
        return null;
    }
```

findNode 是一個在 containsKey 和 get 方法中，會被呼叫的 private 方法，它並不在 Map 介面規範內，而參數 target 是我們要找的 key。在前面練習題中，我曾講過這方法開頭幾行的意義：

- 在這個實作中，null 不是一個可用的 key 值。
- 我們要先把 target 強制轉型成 Comparable 後，才呼叫 compareTo。在這裡使用強制轉型是為了要放大適用性，也就是說，只要是符合 Comparable 介面的實作，就可以 compareTo 一個 K 類型或是 K 類型超類型。

搞定這些後，實際的搜尋相對就簡單多了，我們會初始一個迴圈裡用的 node 物件，令它參照至 root node，每次迴圈執行時，把目標和 node.key 抓來比較，如果目標比目前的 key 值小，我們就向左子樹移動，若比較大就向右子樹移動，如果相等，我們就回傳目前的 node。

如果我們達到樹的底部還找不到，就認為找不到，並回傳 null。

找 Value

如我在前一練習題中說明的一樣，由於我們不是搜尋整棵樹，所以 findNode 的執行時間和樹高相關，和樹裡的 node 的總量無關。但對 containsValue 方法來說，我們要找的是 value，而不是 key，所以 BST 的優勢此時就用不上了，我們不得不搜尋整棵樹。

我的解法是使用遞迴：

```
    public boolean containsValue(Object target) {
        return containsValueHelper(root, target);
    }

    private boolean containsValueHelper(Node node, Object target) {
        if (node == null) {
            return false;
        }
        if (equals(target, node.value)) {
            return true;
        }
        if (containsValueHelper(node.left, target)) {
            return true;
        }
```

```
        if (containsValueHelper(node.right, target)) {
            return true;
        }
        return false;
    }
```

containsValue 的參數是要找的目標 value，執行時馬上呼叫 containsValueHelper，並將 root 傳遞給 containsValueHelper。

以下是 containsValueHelper 作的動作：

- 第一個 if 述句會檢查遞迴的結束條件，如果 node 是 null，就表示我們已抵達樹底層，還沒找到目標值，結論就讓這個 if 回傳 false。注意這只代表目標沒有在這一路徑上出現，還是有可能在其他的路徑上出現。
- 第二個 if 述句是用來檢查，是否找到我們要找的值，如果找到就回傳 true，否則就繼續向下執行。
- 第三個 if 用來讓遞迴往左子樹走去，如果在左子樹中找到目標值，就馬上回傳 true，也不用再呼叫右子樹，如果在左子樹裡沒找到，就繼續向下執行。
- 第四個 if 用來遞迴往右子樹走去，一樣的，如果找到就回傳 true，否則若整個右子樹都沒有的話，回傳 false。

這個方法會遍歷樹中的每個 node，所以執行時間取決於 node 的數量。

實作 put

由於 put 要處理兩個狀況，所以 put 方法比 get 複雜一些：(1) 如果給的 key 已存在，將舊值換為新值並回傳舊值；(2) 否則就在樹中正確的位置加入新的 node。

在前一個練習題中，我提供的程式碼雛型是：

```
public V put(K key, V value) {
    if (key == null) {
        throw new IllegalArgumentException();
    }
    if (root == null) {
        root = new Node(key, value);
        size++;
        return null;
```

```
        }
        return putHelper(root, key, value);
    }
```

當時請你補完 putHelper 方法，以下是我的解答：

```
    private V putHelper(Node node, K key, V value) {
        Comparable<? super K> k = (Comparable<? super K>) key;
        int cmp = k.compareTo(node.key);

        if (cmp < 0) {
            if (node.left == null) {
                node.left = new Node(key, value);
                size++;
                return null;
            } else {
                return putHelper(node.left, key, value);
            }
        }
        if (cmp > 0) {
            if (node.right == null) {
                node.right = new Node(key, value);
                size++;
                return null;
            } else {
                return putHelper(node.right, key, value);
            }
        }
        V oldValue = node.value;
        node.value = value;
        return oldValue;
    }
```

第一個參數 node，被初始成樹的 root，但我們每次遞迴時，它會變成其他的子樹的 root。還有如同在 get 裡一樣，我們要用 compareTo 方法來決定接下來要往樹的哪邊走，如果 cmp < 0，表示我們要加入的 key 比 node.key 小，所以我們要在左子樹中找地方安插它，此時請考慮以下兩種情況：

- 如果左子樹是空的，就表示 node.left 是 null，等同於我們到達樹底，並且沒有找到 key。這個情況讓我們同時明白 key 不在這棵樹中，而且也找到了安插它的位置，也就是在 node 的左子建立新的 node 存放。
- 否則，我們就繼續遞迴左子樹。

如果 cmp > 0 表示現在要加入的 key 值比 node.key 還好，所以我們看向右子樹，其他的處理邏輯如同前面一樣。最後是 cmp == 0 的情況，表示我們在樹中找到一樣的 key 值，此時進行新舊值替換即可。

我用遞迴寫這個方法，讓它可讀性較高，但如果寫成迭代，思考上可能比較容易，你可以考慮把它當成一個練習來作看看。

中序尋訪

練習題中最後一個請你補完的是 keySet 方法，用來將樹中所有的 key 以大到小的 Set 集合回傳。在 Map 介面的實作之外，其實用 keySet 回傳的 Set 集合並沒有指定要排序，但由於樹的實作讓排序 key 這件事情，變得簡單又有效率，所以我們應該利用一下這優點。

以下是我的解答：

```
public Set<K> keySet() {
    Set<K> set = new LinkedHashSet<K>();
    addInOrder(root, set);
    return set;
}

private void addInOrder(Node node, Set<K> set) {
    if (node == null) return;
    addInOrder(node.left, set);
    set.add(node.key);
    addInOrder(node.right, set);
}
```

在 keySet 方法中，我們建立一個 LinkedHashSet，它是一個 Set 介面的實作，並且是用有序的方法儲存元素（其他大多數的 Set 實作都沒有這個功能），然後呼叫 addInOrder 來遍歷樹。

addInOrder 的第一個參數 node，被初始化成 root，但你現在應該已經可以猜到，由於我們要遍歷這棵樹，所以 addInOrder 要作的是用**中序尋訪**來遍歷這個樹。

如果 node 為 null，表示子樹為空，所以我們就不再加入任何東西到 Set 之中。否則，我們要做的事情有：

1. 依序遍歷左子樹。

2. 加入 node.key。
3. 依序遍歷右子樹。

記得 BST 的特性是所有左子樹的 node，必會小於 node.key，而所有右子樹的 node 都會大於 node.key，所以我們能確定 node.key 能被加到正確的位置。

把同樣的邏輯遞迴的進行，加上結束條件的判斷（如果子樹為空，那就不需再看下去），我們就能把所有左子樹和右子樹的 node 依序抓好，結論就是所有的 key 都會照大到小的次序被抓出來。

由於這個方法會訪問到樹裡所有的 node，所以和 containsValue 一樣，它的執行時間和 n 相關。

對數時間方法

在 MyTreeMap 中，get 和 put 方法的執行時間和樹的高度 h 相關，在前一個練習題中，我們用滿枝（樹的每層都掛滿最多的 node）的樹來示範了這件事，而樹的高度和 $\log n$ 相關。

我也說過 get 和 put 是 logarithmic，也就是執行時間屬於 $\log n$，但對於大多數的應用來說，並無法保障樹會是滿枝。一般來說，樹的形狀取決於加入的 key，以及加入 key 的順序為何。

為了示範在實務上的情況，我們用兩個資料集合來測試實作：一個資料集合是隨機字串，另外一個資料集合是有序的時間戳記。

用以下的程式來產生隨機字串：

```
Map<String, Integer> map = new MyTreeMap<String, Integer>();

for (int i=0; i<n; i++) {
    String uuid = UUID.randomUUID().toString();
    map.put(uuid, 0);
}
```

UUID 是 java.util package 裡的一個類別，用來產生隨機的**通用唯一識別碼**（**universally unique identifier**）。對很多應用來說 UUID 是很實用的，但在我們的範例中只是拿它來生成隨機字串。

我令 n=16384 後執行了這程式碼，並測量執行時間，還有建起來的樹有多高，下面是我的結果：

```
Time in milliseconds = 151
Final size of MyTreeMap = 16384
log base 2 of size of MyTreeMap = 14.0
Final height of MyTreeMap = 33
```

我加入了一行"對 MyTreeMap 的大小取 2 為底的 log"（log base 2 of size of MyTreeMap），看看如果樹是滿枝的情況下會有幾層。結果顯示具有 16,348 個 node 的樹，滿枝的話應該是 14 層。

但實際作出來的樹有 33 層，顯然比理論值高，但也不會太糟，因為表示若想在共 16,384 個 node 的樹中找一個 key 的話，最多只要比較 33 次，和線性搜尋法比較，還快了 500 倍。

這個實驗是將隨機字串，無序的加入一個樹中的結果，最後的樹高比理論上最小樹高高了二到三倍，但它仍然是屬於 log *n* 的範疇，比 *n* 小的多。事實上，log *n* 的成長度比 *n* 小太多了，而且實務上若拿來和常數時間演算法放在一起的話，效率相差不是太多。

不過，二元搜尋樹並不是永遠表示都這麼好，讓我們看看如果我們用小到大的次序將 key 加入樹中，會是怎樣的情況，以下是以奈秒級取時間戳記，並將戳記當作 key 依序加到樹中：

```
MyTreeMap<String, Integer> map = new MyTreeMap<String, Integer>();

for (int i=0; i<n; i++) {
    String timestamp = Long.toString(System.nanoTime());
    map.put(timestamp, 0);
}
```

System.nanoTime 會回傳 long 型態的整數，代表以奈秒為單位的時間，每次我們呼叫它時，就會得到一個更大的數字。我們將它轉為字串之後，它就是有序遞增的字串了。

以下是執行後得到的結果：

```
Time in milliseconds = 1158
Final size of MyTreeMap = 16384
log base 2 of size of MyTreeMap = 14.0
Final height of MyTreeMap = 16384
```

和前一個測試相比，執行時間長了七倍，如果你看一下樹高，就會知道原因了，樹高竟是：16,384 ！

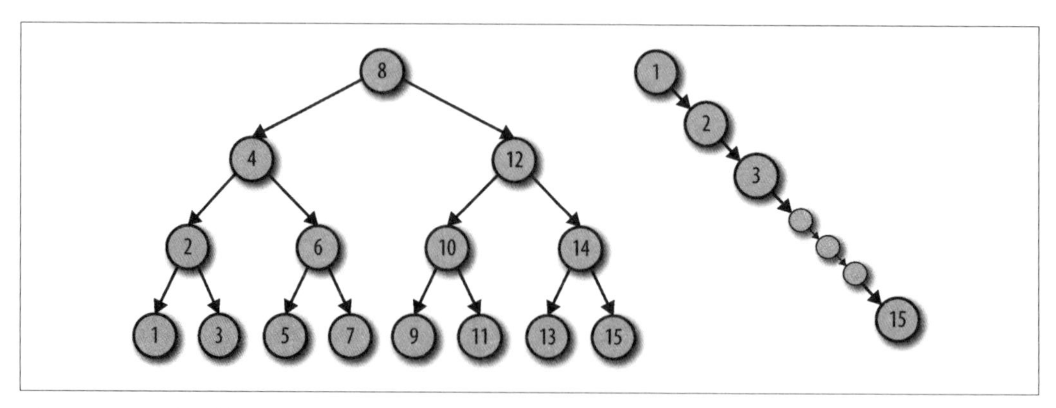

圖 13-1 二元搜尋樹，平衡型（左）和不平衡型（右）

如果你回想一下 put 的動作的原理，大概可以猜到到底發生了什麼事。每次我們加入一個新的 key 時，它都會比目前樹裡所有的 key 都大，所以永遠都選中右子樹，並將新 node 掛到右子上，所以結果造成所有的 node 都只有右子，也建成一棵 "不平衡" 的樹。

這棵樹的高度和 *n* 相關，而不是 log *n*，所以 get 和 put 此時的執行時間屬於線性，不再是 log *n* 了。

圖 13-1 是平衡和不平衡樹的長相，在平衡樹裡高度為 4 的樹，可以有 $2^4 - 1 = 15$ 個 node，而在不平衡樹裡如果要裝一樣數量的 node，就需要 15 層。

自我平衡樹

要解決這個問題，有兩個辦法：

- 加入 Map 的 key 不要有順序，但這難保證一定可以排除。
- 你可以讓樹自身可以處理加入的 key 是有序的情況。

第二個辦法看起來比較好，實作的方法也有數種，最常見的是修改 put，讓它可以偵測樹是否漸漸長成不平衡型，如果是的話，將 node 重排。這樣的能力被稱為 **"自我平衡"**（**self-balancing**）。常見的自我平衡樹包括 AVL 樹（AVL tree，"AVL" 是發明者名字的縮寫），還有紅黑樹（red-black tree），紅黑樹也就是 Java TreeMap 所採用的樹型。

在我們的範例程式中，如果我們將 `MyTreeMap` 替換成 Java 的 `TreeMap`，執行時間就會和第一個使用隨機字串的範例差不多了。事實上，使用時間戳記範例會跑的快一點，因為它 hash 的時間比較短，所以跑的時間快一點。

總結來說，排除掉 key 是以排序好的次數加入的情況，二元搜尋樹可以將 `get` 和 `put` 實作成 logarithmic 時間，而自我平衡樹可以在每次加入新 key 時配合額外動作解決這個問題。

你可以在 *http://thinkdast.com/balancing* 讀到更多關於自我平衡樹的資訊。

再一個練習

在前一個練習題中，你並沒有實作 `remove`，但你也許會想試看看實作它。如果你從樹的中間移除一個 node，你得要將剩下的 node 重新安排新位置，這安排必須符合 BST 特性。我相信你可以自己想出來解決方法，或是你可以參考 *http://thinkdast.com/bstdel* 的解釋。

移除 node 並執行重新平衡一棵樹的動作原理是類似的：如果你做這個額外的練習，你會更瞭解自我平衡樹的動作。

第十四章

持久性資料

在接下來的幾個練習，我們要回歸建立網路搜尋引擎這個主題上，讓我們複習一下搜尋引擎的主要構成：

爬蟲（*Crawling*）

用來下載、解析網頁，並將文字和網頁連結取出。

索引（*Indexing*）

索引用來作字搜尋，找出包含字的網頁。

檢索（*Retrieval*）

從索引的結果取回資料集合，並決定哪些頁面和關鍵字最相關。

如果你做了第 61 頁的“練習題六”，你已用 Java map 實作了索引。在這個練習題中，我們要再回頭看這個索引器，並將它改為具有儲存資料庫能力的新版本。

如果你做了第 55 頁的“練習題五”，你已經建好了可以抓取第一個連結的爬蟲。在下一個練習題中，我們要改造這個爬蟲，讓它將每一個它找到的連結儲存在佇列中，並依序尋訪之。

接著，你最後會對付的是資料檢索的問題。

在這些練習題中，我會提供少量程式碼雛型，請你在上面作加工，但其實這些練習題可以更加以擴展。我將會提供一些小的目標，請你試著去達成，但如果你想要的話，其實能做的更多更多。

現在，讓我們從新版的索引器開始吧。

Redis

前一版本的索引器將索引儲存在兩種資料結構裡：一是 TermCounter，代表一個網頁裡字以及字出現的次數，另外還有 Index，代表字在哪些網頁中出現。

這些資料結構儲存在 Java 執行程式的記憶體中，當程式結束執行，這些索引就會不見。只儲存在執行程式的記憶體中的資料稱為**揮發性資料**（**volatile**），因為隨著程式結束執行，資料就人間蒸發。

另外一種稱為**持久性資料**（**persistent**），就像一般儲存在檔案系統中的檔案，以及資料庫中的資料就是這種。

若不想要資料不見，一個簡單解法是將它儲存為檔案。在程式結束前，將資料轉為類似 JSON 的格式（*http://thinkdast.com/json*），然後寫入檔案。下次執行時，再將檔案內容讀取出來，重建資料結構即可。

不過，即使使用這個簡單解法，還是有數個問題需要注意：

- 讀寫大量的資料結構可能很花時間（像網頁索引就是）。
- 單一執行程式的記憶體可能不夠裝載所有的資料結構。
- 如果程式無預警退出（舉例來說，碰到停電），那麼自程式開始後的資料變更就不見了。

另外一個比較可行的解法是使用資料庫，資料庫提供特久性資料儲存的空間，而且可以讀寫部份資料，而不需要把全部的資料都讀出。

資料庫管理系統（DBMS）有很多種，每種都有不同的能力，你可以在 *http://thinkdast.com/database* 讀到一些介紹。

就這個練習題來說，我推薦使用的資料庫是 Redis，它提供的持久性資料結構類似於 Java 的資料結構，而且，它還提供：

- 字串 List，類似 Java List。
- Hash，類似 Java Map。
- 字串集合，類似 Java Set。

Redis 是一個 **key-value** 型的**資料庫**，代表可以用唯一的 key 找到資料庫中的資料結構（是 value），在 Redis 中的一個 key 就和 Java 中的物件參照差不多意思，等一下會舉例說明。

Redis Client 和 Server

Redis 通常以遠端服務的型態存在，事實上，它的名稱就是源自 "REmote DIctionary Server"。使用 Redis 的方法是，在某處運一個 Redis server，然後使用 Redis client 連結該 server。想要建置 server 有很多方法，可以使用的 client 也有很多種，如果是用在練習題上，以下是我的建議：

- 與其自己搞一套 Redis server，不如使用 RedisToGo（*http://thinkdast.com/redistogo*）這種雲端上的 Redis server。以我們的練習題來說，RedisToGo 的免費方案已足夠使用。
- 我建議的 client 端是 Jedis，它是一套 Java library，提供了許多類別可以取 Redis。

以下是更多幫助你上手的指引：

- 到 RedisToGo（*http://thinkdast.com/redissign*）上，新建一個帳戶，並選擇你想用的方法（一開始建議選擇免費方案）。
- 建立一個 **instance**，它是一個跑 Redis server 的虛擬機器，如果你點擊 "Instances" 分頁，就可以看到你剛新建的 instatnce 了，它是以主機名稱和 port 號來識別的。舉例來說，我的 instance 就叫做 "dory-10534"。
- 點擊 instance 名稱，會進到設定頁，把頁面上方的 URL 記下來，它長得像這樣：

```
redis://redistogo:1234567feedfacebeefa1e1234567@dory.redistogo.com:10534
```

上面的 URL 含有 server 的名稱，也就是 `dory.redistogo.com`，還有 port 號 `10534`，以及你連線需要用到的密碼，也就是中間那一串數字和字元。

建立相容於 Redis 的索引

在本書的 repository 中，你可以找到本練習題要用的原始程式碼檔：

- `JedisMaker.java` 含有連結 Redis server 程式碼，另外還會執行幾個 Jedis 方法。
- `JedisIndex.java` 有這個練習的初始程式碼。

- JedisIndexTest.java 裡面有 JedisIndex 的單元測試。
- WikiFetcher.java 是前面幾個練習題中出現過，用來讀取網頁並用 jsoup 分析網頁的程式碼。

你也會需要從前一個練習題中取出一些檔案：

- Index.java 是用 Java 資料結構實作的索引器。
- TermCounter.java 是字和字出現頻率的匹配 map。
- WikiNodeIterable.java 可遍歷以 jsoup 造出的 DOM tree。

如果你有前面三個檔在手邊，可以直接用它們來做這個練習題，如果你沒有做前一個練習題，所以沒有這些檔案，或是你不確定你的版本內容是否正確，你也可以從 solutions 目錄裡得到這些檔案。

第一步是要用 Jedis 連結你的 Redis server，在 RedisMaker.java 裡有示範。它會從檔案中讀取 Redis server 的資訊，進行連結並且用你的密碼登入，最後回傳 Jedis 物件，你就可以透過這個物件進行 Redis 的操作。

如果你打開 JedisMaker.java，你會看到一個名為 JedisMaker 的類別，它是一個輔助類別，裡面只有一個叫做 make 的 static 方法，make 方法會建立一個 Jedis 物件，等這個物件取得授權之後，你就可以用它來和 Redis 資料庫通訊了。

JedisMaker 從檔案 redis_url.txt 讀取 Redis server 資訊，這個檔案要放置在 src/resources 目錄下，以下是這個檔案該有的內容：

- 使用文字編輯器編輯 ThinkDataStructures/code/src/resources/redis_url.txt。
- 將你 server 的 URL 貼進去，如果你使用的是 RedisToGo，那 URL 應長得差不多像這樣：

```
redis://redistogo:1234567feedfacebeefa1e1234567@dory.redistogo.com:10534
```

由於這個檔案含有你 Redis server 的密碼，所以請記得不要將這個檔案放在公開的 repository 中，為了避免你誤動作（雖然也無法完全避免），建議你在 repository 中放置一個 .gitignore 檔。

請執行 ant build 編譯原始碼檔，並執行 ant JedisMaker 來執行 main 裡的範例程式碼：

```
public static void main(String[] args) {

    Jedis jedis = make();

    // String
    jedis.set("mykey", "myvalue");
    String value = jedis.get("mykey");
    System.out.println("Got value: " + value);

    // Set
    jedis.sadd("myset", "element1", "element2", "element3");
    System.out.println("element2 is member: " +
                       jedis.sismember("myset", "element2"));

    // List
    jedis.rpush("mylist", "element1", "element2", "element3");
    System.out.println("element at index 1: " +
                       jedis.lindex("mylist", 1));

    // Hash
    jedis.hset("myhash", "word1", Integer.toString(2));
    jedis.hincrBy("myhash", "word2", 1);
    System.out.println("frequency of word1: " +
                       jedis.hget("myhash", "word1"));
    System.out.println("frequency of word1: " +
                        jedis.hget("myhash", "word2"));

    jedis.close();
}
```

這個範例是展示你在本練習題中最有可能用到的資料型態和方法，當你執行完程式後，會有輸出如下：

```
Got value: myvalue
element2 is member: true
element at index 1: element2
frequency of word1: 2
frequency of word2: 1
```

在下一節中，我會解釋範例程式碼中的動作。

Redis 資料型態

Redis 基本上就是以 key-value 為原則，key 就是 String 型態，而 value 可以是多種型態。Redis 資料型態中，最基本的就是 *string*，我會將 Redis 的資料型態以斜體字表示，這樣可和原來 Java 資料型態有所區別。

若想把一個 *string* 加入到資料庫，就呼叫 jedis.set，它和 Map.put 很相似，參數是新的 key 和對應的 value。若是想找特定的 key，並取出對應的 value，就呼叫 jedis.get：

```
jedis.set("mykey", "myvalue");
String value = jedis.get("mykey");
```

在這個範例中，key 是 "mykey"，而 value 是 "myvalue"。

Redis 提供一個 *set* 結構，它和 Java 的 Set<String> 很相似，若想加入一個元素到 Redis *set* 中，你就準備一個 *set* 名稱，並呼叫 jedis.sadd：

```
jedis.sadd("myset", "element1", "element2", "element3");
boolean flag = jedis.sismember("myset", "element2");
```

你並不需要先做建立 *set* 的動作，若這個 *set* 原先不存在，Redis 會自行建立它。以我們的範例來說，Redis 會建立一個名為 myset 的 *set*，裡面含有三個元素。

jedis.sismember 方法用來檢查一個 *set* 中有沒有特定的元素。以上加入元素和檢查元素是否存在的動作都是常數執行時間。

Redis 也提供 *list* 結構，它和 Java List<String> 很相似，使用 jedis.rpush 可以將元素加到一個 *list* 的尾端（右側）。

```
jedis.rpush("mylist", "element1", "element2", "element3");
String element = jedis.lindex("mylist", 1);
```

一樣的，在加入元素前不用事先建立好 *list* 結構，像這個範例就會自動建立一個名為 “mylist” 的 *list*，內含三個元素。

jedis.index 用來回傳 *list* 中指定索引的元素，以上加入和存取 *list* 元素都是常數執行時間。

最後，Redis 提供一個 *hash* 資料結構，和 Java 的 Map<String, String> 類似，使用 jedis.hset 可以在 *hash* 中加入新的項目：

```
jedis.hset("myhash", "word1", Integer.toString(2));
String value = jedis.hget("myhash", "word1");
```

上面的範例程式碼會建立一個叫 myhash 的 *hash*，裡面包含一個 key-value 項目，key 為 word1，對應到 value "2"。

上面的 key 和 value 都是 *string* 型態，如果我們想存 Integer，就要在呼叫 hset 以前將 Integer 轉為 String。當要取出時，使用 hget，取出來的型態會是 String，所以取出後要轉成 Integer。

操作 *hash* 時有可能會有令人混淆的情況，就是我們要先用一個 key 值找到要用哪個 *hash*，再用第二個 key 值在 *hash* 裡找 value。在 Redis 的世界中，二個 key 被稱為 **field**，這樣重新整理一下或許會比較清楚：像 myhash 這樣的 “key” 用來找到特定的 *hash*，然後像 word1 這樣的 “field” 在該 *hash* 中找特定的 value。

在很多應用中，Redis *hash* 裡的值會是整數，所以 Redis 提供數個像 hincrby 的方法，就可以在 value 參數當整數看待：

```
jedis.hincrBy("myhash", "word2", 1);
```

上面那一行會存取 myhash，找出和 word2 相關的 value（如果不存在就是 0），把該 value 值減 1，再存回 *hash*。

設定、取得和遞增在 *hash* 中，執行時間都是常數時間。

你可以在 *http://thinkdast.com/redistypes* 讀到更多關於 Redis 資料型態的資訊。

練習題十一

到這邊，關於 web 搜尋索引如何儲存在 Redis 資料庫，你應該已掌握所有資訊了。

現在請執行 ant JedisIndexText，執行後顯示失敗，因為你還沒開始動作做事呢！

JedisIndexTest 會測試以下方法：

- JedisIndex 建構子，參數是 Jedis 物件。
- indexPage，用來將一個網頁加入索引，它的參數是 String 類型的 URL 以及一個 jsoup 的 Elements 物件，該物件含有該頁面中要用來製作索引的所有元素。
- getCounts 用來搜尋字，並回傳一個 Map<String, Integer>，這個 map 的 key 是含有所有含有字的頁面，value 是字在該頁出現幾次。

下面是如何使用這些方法的範例：

```
WikiFetcher wf = new WikiFetcher();
String url1 =
    "http://en.wikipedia.org/wiki/Java_(programming_language)";
Elements paragraphs = wf.readWikipedia(url1);

Jedis jedis = JedisMaker.make();
JedisIndex index = new JedisIndex(jedis);
index.indexPage(url1, paragraphs);
Map<String, Integer> map = index.getCounts("the");
```

如果我們在結果 `map` 中查詢 `url1`，會得到值 339（如果是以我執行時的頁面來說的話），也就是“the”這個字在 Java Wikipedia 頁面中出現的次數。

如果對同一個頁面重新作索引，新的就會覆蓋舊值。

在你作 Java 結構轉換成 Redis 結構時，由於 Redis 資料庫是用 *string* 型態的 key 當唯一識別，所以如果你在同一個資料庫中有兩堆物件，建議你對 key 加上一些前綴，以區分兩堆的不同。舉例來說，若我們有以下兩堆物件：

- 我定義一個名為 `URLSet` 的 Redis *set*，用來裝載含字的網頁 URL，每個 `URLSet` 的 key 都將以 `"URLSet:"` 為前綴，所以當查詢的關鍵字是“the”的時候，*set* 的 key 就會是 `"URLSet:the"`。
- 定義一個 `TermCounter` 的 Redis *hash*，是每個字和字出現次數的對應。`TermCounter` 裡的 key 都以 `"TermCounter:"` 為前綴字，後面接著網頁的 URL。

在我的實作中，每個字都會有它的 `URLSet`，而每個索引完的網頁都會有它的 `TermCounter`。我另外提供了兩個輔助函式，`urlSetKey` 和 `termCounterKey`，功能是用來組裝要用的 key。

一些額外的建議

到這邊為止，所有練習題所需的資訊都清楚了，你可以逕行開始做練習題，不過以下有幾個小提示：

- 和之前的練習題相比，這一個練習題我的引導比較少，所以你將需要自行判斷一些設計上的問題，特別是需要先將題目要的東西拆解成比較小的數個問題，然後才能一個個實作並測試，最後才拼裝成完成的解答。如果你不想做拆解的動作，而想要一次寫完所有的東西，那相對來說除錯的時間可能會比較長。

- 另外一個可能碰到的問題是關於持久性資料，儲存在資料庫的資料可能會隨著你每次執行程式而變化。如果你把資料庫裡的資料搞亂了，你得先修正資料庫，然後重新開始你的動作才行。我提供三個方法：deleteURLSets、deleteTermCounters 以及 deleteAllKeys，這三個方法讓你可以刪除資料庫裡的資料，然後從頭開始。你也可以使用 printIndex 來印出並檢視目前索引的內容。
- 每次你呼叫 Jedis 的方法時，你的 client 程式就會傳送訊息給 server，然後 server 就會執行你要求的動作，然後回傳訊息給你。如果你執行很多小小的動作，傳送很多訊息給 server，可能會花去很多時間。針對這一點，你可以藉由將一連串的動作集合成一個 Transaction，來提昇效能。

舉例來說，以下是簡易版的 deleteAllKeys：

```
public void deleteAllKeys() {
    Set<String> keys = jedis.keys("*");
    for (String key: keys) {
        jedis.del(key);
    }
}
```

每次你呼叫 del 時，實際上都會有訊息從 client 送到 server 再回傳，如果我們的索引有很多網頁資料，總執行時間就會很久，所以我們可以使用 Transaction 物件來加速這個工作：

```
public void deleteAllKeys() {
    Set<String> keys = jedis.keys("*");
    Transaction t = jedis.multi();
    for (String key: keys) {
        t.del(key);
    }
    t.exec();
}
```

jedis.multi 回傳的是 Transaction 物件，它擁有所有 Jedis 物件的方法。但當你改為呼叫 Transaction 的方法時，並不會馬上執行動作，也不會和 server 通訊。它將所有的動作集結起來，直到你呼叫 exec 時才將所有儲存起來的動作一次傳送給 server，這樣通常會比原來的方法快的多。

設計提示

現在你真的已經擁有所有所需的資訊，可以開始作練習題了。但如果你卡關或是真的不知道從何開始，你可以回來看以下幾個提示：

如果你還沒試過測試程式，還沒有試過基本的 Redis 命令或是試著在 JedisIndex.java 中寫幾個方法的話，請不要閱讀以下內容。

好吧，如果你真的卡關了，以下是你要實作的方法：

```
/**
 * 將一個 URL 加到與字相關的 set 中。
 */
public void add(String term, TermCounter tc) {}

/**
 * 找尋並回傳一個 URL set。
 */
public Set<String> getURLs(String term) {}

/**
 * 回傳指定 URL 中特定字出現的次數。
 */
public Integer getCount(String url, String term) {}

/**
 * 將 TermCounter 的內容送到 Redis。
 */
public List<Object> pushTermCounterToRedis(TermCounter tc) {}
```

上面這些是我解答中使用到的方法，但這樣拆解問題並不是唯一的解法，所以如果你覺得有幫助就使用，覺得沒幫助就捨棄這個參考吧。

作每個方法之前，可以考慮先寫該方法的測試。當你知道如何測試一個方法時，通常你已經知道要怎麼實作了。

祝好運！

第十五章

爬行 Wikipedia

在這一章，我要解答前一個練習題，並分析網頁索引演算法的效能，最後是要做一個簡單的網頁爬蟲。

Redis 版索引器

在我的解答中，儲存了兩種 Redis 結構：

- 為每個字建一個 `URLSet`，它是字出現的 URL 所集成的 Redis *set*。
- 對每個 URL 建一個 `TermCounter`，它 map 字和字出現的次數，是一個 Redis *hash*。

前一章我們已介紹上面這些資料型別，你也可以在 *http://thinkdast.com/redistypes* 讀到 Redis 的結構資訊。

在 `JedisIndex` 類別中，我寫了一個方法，參數是關鍵字，回傳它的 `URLSet` 用的 Redis key：

```
private String urlSetKey(String term) {
    return "URLSet:" + term;
}
```

另外一個方法接收 URL 為參數，並回傳 `TermCounter` 用的 Redis key：

```
private String termCounterKey(String url) {
    return "TermCounter:" + url;
}
```

下面是 indexPage 的實作，參數是 URL 和 jsoup Elements 物件，該物件含有 DOM tree 中我們想要索引的段落內容：

```
public void indexPage(String url, Elements paragraphs) {
    System.out.println("Indexing " + url);

    // 生成一個 TermCounter，並計算在文章中每個字出現的次數
    TermCounter tc = new TermCounter(url);
    tc.processElements(paragraphs);

    // 將 TermCounter 的內容傳送到 Redis
    pushTermCounterToRedis(tc);
}
```

以上程式碼做的是索引一個網頁，做的事情是：

1. 建立一個新的 TermCounter 來處理網頁內容，使用了前一個練習題中的程式碼。
2. TermCounter 中的結果傳送到 Redis。

以下是用來傳送 TermCounter 到 Redis 的程式碼：

```
public List<Object> pushTermCounterToRedis(TermCounter tc) {
    Transaction t = jedis.multi();

    String url = tc.getLabel();
    String hashname = termCounterKey(url);

    // 如果該網頁已經被索引過了，刪除舊的 hash
    t.del(hashname);

    // 為每個字在 TermCpounter 中加入新的項目，並在索引中的 set 加入新的字
    // member of the index
    for (String term: tc.keySet()) {
        Integer count = tc.get(term);
        t.hset(hashname, term, count.toString());
        t.sadd(urlSetKey(term), url);
    }
    List<Object> res = t.exec();
    return res;
}
```

上面的方法使用了一個 Transaction 來收集並一次傳送所有動作到 server，這樣會比傳送連續的小動作來的快。

程式碼中有個迴圈，遍歷 TermCounter 中的字，每次迴圈中進行的動作是：

1. 在 Redis 中找到或建立 TermCounter，然後為新字加入一個新的 field。
2. 在 Redis 中找到或建立 URLSet，並將目前的 URL 加入。

如果該網頁已經被索引過了，我們就要在傳送 server 前，將舊的 TermCounter 刪除以新的取代。

以上完成了對新網頁作索引的部份。

練習題的第二個部份是要你寫 getCounts，它用來搜尋關鍵字，並回傳每個 URL 和關鍵字出現次數的 map，以下是我的解答：

```
public Map<String, Integer> getCounts(String term) {
    Map<String, Integer> map = new HashMap<String, Integer>();
    Set<String> urls = getURLs(term);
    for (String url: urls) {
        Integer count = getCount(url, term);
        map.put(url, count);
    }
    return map;
}
```

上面的方法中，有兩個輔助方法：

- getURLs 的參數是關鍵字，它回傳關鍵字出現的網頁集合 Set。
- getCount 參數是 URL 和關鍵字，回傳參數指定 URL 中參數關鍵字出現的次數。

以下是兩個輔助方法的實作 ：

```
public Set<String> getURLs(String term) {
    Set<String> set = jedis.smembers(urlSetKey(term));
    return set;
}

public Integer getCount(String url, String term) {
    String redisKey = termCounterKey(url);
    String count = jedis.hget(redisKey, term);
    return new Integer(count);
}
```

由於我們索引方法設計的好，所以一些方法又簡單又有效率。

分析搜尋

假設我們已對 N 網頁進行索引，也已找到 M 個獨立的字。那麼搜尋一個關鍵字要作多久呢？在繼續讀下去之前，可以先思考看看。

想要搜尋一個關鍵字，我們要執行 getCounts，它做了以下的事：

1. 建立一個 map。
2. 執行 getURLs 以取得 URL 的集合。
3. 針對 Set 中的每個 URL，執行 getCount 在 HashMap 中加入一個新的項目。

getURLs 的執行時間和含有關鍵字的網頁數量有關，對於一些少出現的關鍵字來說，可能數量很少，但若是常用字，執行時間和 N 一樣大。

在每次迴圈之中會執行 getCount，它會在 Redis 中找到一個 TermCounter，取出關鍵字出現的數量，回傳後將這個數量加入 HashMap 成為一個新項目。以上說到的動作都是常數執行時間，所以最壞情況下整個 getCounts 的時間複雜度是 $O(N)$。不過在實務上，執行時間是和含關鍵字網頁的數量相關，所以基本上會比 N 小的多。

在演算法複雜度的角度上來看，這個演算法已經很有效率了，但由於它要傳送很多動作給 Redis，所以它執行的速度還是很慢。你可以練習使用 Transaction 將傳輸的速度改善，或是看我寫在 RedisIndex.java 中的解答。

分析索引

若是使用我們設計的資料結構，對一個網頁進行索引要多久呢？一樣的，請先想一下再看下面的解答。

若要索引一個網頁，就要遍歷它的 DOM tree，找到所有的 TextNode 物件，然後把裡面的字串拆解成分開的字，以上動作的執行時間都和網頁上的字數相關。

我們要在 HashMap 中為每個字都設立專屬的計數器，這會花去常數執行時間。所以要製作出一個 TermCounter 要花的執行時間就是和頁面上的總字數相關。

接下來要將 TermCounter 傳送到 Redis 上，會做刪除一個 TermCounter 的動作，每個字要花去線性時間，然後為每個字我們還要做：

1. 在 URLSet 中加入一個元素。

2. 在 Redis TermCounter 中加入一個元素。

以上兩個動作都是常數執行時間，所以將所有找到字的 TermCounter 傳送出去的總時間，會花去線性時間。

總的來說，製作 TermCounter 會花去每頁字數時間，傳輸 TermCounter 到 Redis 則會花去搜尋到的字數時間。

由於每個頁面上的總字數，會比可用來搜尋的字數多（重複字不計），所以所有動作的複雜度就是和頁面上的總字數相關。理論上一個頁面有機會含有 index 中的所有字，所以最差的效能是 $O(M)$，但實際上最差情況並不會發生。

藉由上面的效能分析，我們也可以得知一種增進效能的方法：應該要避免對一些超常用字作索引。很明顯的，由於它們幾乎會在每個 URLSet 和 TermCounter 中出現，所以會用去很多時間和空間，而且實質上搜尋超常用字也沒有意義存在。

大多數的搜尋引擎都避免索引這種超常用字，這種字稱為停止字（stop word，*http://thinkdast.com/stopword*）。

圖形遍歷

如果你做了第 7 章的“找到 Philosophy”練習題，那麼你就已經有個可以讀取 Wikipedia 網頁的程式，用來找到第一個連結頁面，然後取得下一個頁面的連結，不停重複。這個程式是定製的爬蟲，但一般人所稱的“網頁爬蟲”指的則是有以下特點的程式：

- 讀啟始頁並索引頁面內容。
- 找到該頁中的所有連結，並將所有的連結加到一個集合中。
- 對連結中的每一個連結進行讀取頁面、索引該頁和添加新的 URL 等動作。
- 如果你找到的 URL 是已經被索引過的了，那就跳過該頁。

你可以將網路想成一張圖[譯註]，每個網頁是一個節點，而每個連結就是連結節點和另外一個節點的線。如果你對圖不熟悉，你可以在 *http://thinkdast.com/graph* 讀到相關內容。

譯註　計算機科學中的圖。

爬蟲是由一個開頭節點開始遍歷整張圖，中間每個節點只會經過一次。

而我們用來儲存 URL 的集合，會決定爬蟲要用什麼方法進行遍歷：

- 如果集合是“先進先出”（FIFO），那爬蟲遍歷的方法就是廣度優先。
- 如果集合是“後進先出”（LIFO），那爬蟲遍歷的方法就是深度優先。
- 一般來說，在集合中的東西通常是配備有優先權的。舉例來說，一些很久沒重作索引的頁面，可能配上比較高的優先權。

你可以在 *http://thinkdast.com/graphtrav* 讀到更多關於圖形遍歷的資訊。

練習題十二

現在要來寫爬蟲了，在本書的 repository 中，你可以找到這個練習題的原始碼檔案：

- `WikiCrawler.java`，這是你的爬蟲的雛型檔。
- `WikiCrawlerTest.java`，這是用來測試 `WikiCrawler` 的檔案。
- `JedisIndex.java`，是我前一個練習題的解答。

你可能還會用上前一個練習題中的某些輔助類別：

- `JedisMaker.java`
- `WikiFetcher.java`
- `TermCounter.java`
- `WikiNodeIterable.java`

在你執行 `JedisMaker` 之前，需要準備一個你的 Redis server 資訊檔。如果你在前一題中已經有了這個檔案，就不用重作了，不然的話，你可以在第 105 頁的“建立相容於 Redis 的索引”中找到怎麼製作這個檔案的方法。

執行 `ant build` 編譯原始碼檔，並執行 `ant JedisMaker` 確認是不是能夠成功連結到 Redis server。

以上都好了以後，現在請執行 `ant WikiCrawlerTest`，它會顯示失敗，失敗是因為這個練習題還沒做完。

以下是我提供的 WikiCrawler 雛型：

```
public class WikiCrawler {

    public final String source;
    private JedisIndex index;
    private Queue<String> queue = new LinkedList<String>();
    final static WikiFetcher wf = new WikiFetcher();

    public WikiCrawler(String source, JedisIndex index) {
        this.source = source;
        this.index = index;
        queue.offer(source);
    }

    public int queueSize() {
        return queue.size();
    }
```

上面的程式碼裡 ，有以下的實例變數：

- source 是我們要爬 URL 的開始點。
- index 是 JedisIndex 型態，是結果儲存的地方。
- queue 是一個 LinkedList，用來儲存已經找到但尚未製作索引的 URL。
- wf 是 WikiFetcher，我們會用它來讀取和分析網頁。

你要做的是要補完 crawl 類別，以下是它的宣告：

```
public String crawl(boolean testing) throws IOException {}
```

當這個方法被 WikiCrawlerTest 呼叫時，testing 參數值將是 true，否則就會是 false。

當 testing 為 true 時，crawl 方法要做的是：

- 從 FIFO 順序的 queue 中，選擇並刪去一個 URL。
- 使用 WikiFetcher.readWikipedia 方法讀取指定頁面內容，也就是會讀取預存在 repository 中，為測試目的而暫存的一些網頁（目的是要避免 Wikipedia 改版）。
- 不管頁面是不是已被索引，都對這些頁面製作索引。
- 找到所有的內部連結，並將它們以出現的順序儲存在 queue 中。內部連結指的是同樣指向 Wikipedia 的頁面連結（不是連到其他網站的）。

- 回傳做好索引的網頁 URL。

當 testing 為 false 時，crawl 方法要做的是：

- 從 FIFO 順序的 queue 中，選擇並刪去一個 URL。
- 如果該 URL 已經做過索引，那就不要再對它重作索引，直接回傳 null。
- 否則的話，使用 WikiFetcher.fetchWikipedia 將該網頁的內容讀出，也就是讀取線上網頁的真實內容。
- 然後對讀到的網頁內容作索引，將連結加到 queue 中，然後回傳該頁的 URL。

WikiCrawlerTest 會讀取一個大概儲存有 200 個連結的 queue，然後會執行 crawl 三次，每次執行後，它會檢查回傳值，以及 queue 的長度。

當你讓爬蟲如預期般的工作後，整個測試應該就會 pass 了，祝好運！

第十六章

布林搜尋

本章我一樣要解答前一個練習題，然後會請你寫程式碼將多個搜尋結果集結，並依關鍵字的相關度進行排序。

爬蟲解答

首先，關於前一個練習題，來看看我的版本解答。在前一個練習題中，我提供了 WikiCrawler 的雛型，請你補完 crawl。讓我們回顧一下 WikiCrawler 類別：

```
public class WikiCrawler {
    // 記錄開始的地方
    private final String source;

    // 結果儲存在 index
    private JedisIndex index;

    // 要作索引的 URL 放在 queue 中
    private Queue<String> queue = new LinkedList<String>();

    // 要拿來取得 Wikipedia 頁面的 fetcher
    final static WikiFetcher wf = new WikiFetcher();
}
```

當我們建立一個 WikiCrawler 時，要提供 source 和 index。初始化時 queue 裡只有一個元素，也就是 source。

注意這裡用來實作 queue 的是 LinkedList，所以我們可以將新元素加到尾端，並從開頭處移除一個元素，加入和移除都是屬常數時間。由於是把 LinkedList 物件指定給 Queue 變數，所以我們只能用 Queue 介面規範的方法，也就是用 offer 來加入元素，用 poll 來移除元素。

以下是我的 WikiCrawler.crawl 實作：

```
public String crawl(boolean testing) throws IOException {
    if (queue.isEmpty()) {
        return null;
    }
    String url = queue.poll();
    System.out.println("Crawling " + url);

    if (testing==false && index.isIndexed(url)) {
        System.out.println("Already indexed.");
        return null;
    }

    Elements paragraphs;
    if (testing) {
        paragraphs = wf.readWikipedia(url);
    } else {
        paragraphs = wf.fetchWikipedia(url);
    }
    index.indexPage(url, paragraphs);
    queueInternalLinks(paragraphs);
    return url;
}
```

這個方法中比較複雜的部份，其實都是為了要讓它容易被測試，以下是上方程式碼邏輯：

1. 如果 queue 是空的，就回傳 null，表示不對任何頁作索引。
2. 否則的話，從 queue 裡移除下一個 URL。
3. 如該 URL 已經被索引過了，除非是在測試模式，否則 crawl 不會再對它進行索引。
4. 接下來，要進行的是讀取頁面的內容，如果是測試模式，則從檔案讀取，否則就要從網路讀取。
5. 對該頁進行索引。

6. 分析頁面內容並將內部連結加到 queue 中。
7. 最後，回傳做完索引的 URL。

我在第 113 頁的“Redis 版索引器”已有一個 Index.indexPage 的實作，所以剩下的方法中，只有 WikiCrawler.queueInternalLinks 是新的方法。

對此方法我寫了兩個版本：第一個參數是 Elements 物件，內含每段落的 DOM tree，另外一個是 Element 為參數，內含單一段落的內容。

第一個版本中，只是簡單走過所有的段落，第二個版本才執行真正的任務：

```
void queueInternalLinks(Elements paragraphs) {
    for (Element paragraph: paragraphs) {
        queueInternalLinks(paragraph);
    }
}

private void queueInternalLinks(Element paragraph) {
    Elements elts = paragraph.select("a[href]");
    for (Element elt: elts) {
        String relURL = elt.attr("href");

        if (relURL.startsWith("/wiki/")) {
            String absURL = elt.attr("abs:href");
            queue.offer(absURL);
        }
    }
}
```

為了要判斷連結是不是“內部”，我們要檢查 URL 是不是以“/wiki/”開頭，這個檢查會放過一些我們不想作索引的網頁，像是 Wikipedia 的 meta-page，而且也有可能會排除掉一些我們想要索引的網頁，比方說非英語的網頁，不過對於我們的現況來說，使用這種簡單的測試是可以的。

練習題的解答說明結束了，這個練習題並沒有很多新的東西在裡面，做的重點大多是個整合的工夫。

資訊檢索

下一步我們要做的是一個搜尋工具，以下是所需的材料：

1. 使用者可以輸入關鍵字並看到結果的介面。
2. 一個查閱的方法，也就是接收單一關鍵字，並回傳相關網頁。
3. 一個合併多個關鍵字查詢結果的方法。
4. 排名和排序搜尋結果的演算法。

以上這些處理有個名稱，稱為**資訊檢索**（**information retrieval**），你可以在 *http://thinkdast.com/infret* 讀到更多相關訊息。

在這個練習題中，我們重點放在第三步和第四步，第二步我們已經有一個簡單版的可用了。如果你對寫一個網路應用程式有興趣，也許你會想試試看實作第一步。

布林搜尋

大部份的引擎都可以執行**布林搜尋**（**boolean search**），意思是你可以將多個搜尋結果用布林邏輯整合在一起，舉例來說：

- 搜尋 "java AND programming"，只會回傳都同時含有 "java" 和 "programming" 的網頁。
- 搜尋 "java OR programming"，只要網頁含有其中一個就符合回傳條件。
- "java -indonesia" 可能會回傳的網頁，是含有 "java" 但不能含有 "indonesia"。

像這樣含有搜尋關鍵字以及邏輯運算子的述句，稱為 "查詢"（query）。

當我們把布林運算子 `AND`、`OR` 和 `-` 放在查詢結果上來看時，就對應了集合運算中的交集、聯集和差集。舉例來說，假設：

- `s1` 是含有 "java" 的網頁集合。
- `s2` 是含有 "programming" 的網頁集合。
- `s3` 是含有 "indonesia" 的網頁集合。

請考慮以下情況：

- s1 和 s2 的交集是同時含有“java”和“programming”的網頁。
- s1 和 s2 的聯集是含有“java”或“programming”的網頁。
- s1 和 s2 的差集是含有“java”但不含“indonesia”的網頁。

在下一節裡，會請你寫一個方法來實作以上運算。

練習題十三

在本書的 repository 中，你可以找到這個練習題所需的原始碼檔案：

- WikiSearch.java 中定義了一個物件，內含搜尋的結果，並可以對搜尋結果執行運算。
- WikiSearchTest.java 是用來測試 WikiSearch 的測試程式碼。
- Card.java 裡面有 java.util.Collections 裡的 sort 方法示範。

你也會找到一些我們在前一章用過的輔助類別。

以下是 WikiSearch 類別的定義雛型：

```
public class WikiSearch {

    // 含有關鍵字和其相關分數對應的 map
    private Map<String, Integer> map;

    public WikiSearch(Map<String, Integer> map) {
        this.map = map;
    }

    public Integer getRelevance(String url) {
        Integer relevance = map.get(url);
        return relevance==null ? 0: relevance;
    }
}
```

一個 WikiSearch 物件裡，含有一個 map，這個 map 的內容是 URL 和它的相關分數對應。在資訊檢索的範疇裡，一個**相關分數**（**relevance score**）代表的是一個網頁與使用者查詢的媒合度有多高。建立相關分數的方法有很多，不過最常用的還是**關鍵字出現頻率**（**term frequency**），意思是在一個頁面上關鍵字出現的次數。一個常見的相關分數稱 TF-IDF，是“term frequency-inverse document frequency”的縮寫，你可以在 *http://thinkdast.com/tfidf* 讀到更多相關內容。

之後你可以選擇要不要實作 TF-IDF，不過現在我們要從簡單一點的先開始做，也就是 TF：

- 如果一個查詢裡只有一個關鍵字，那麼該網頁的相關性就是關鍵字的頻率，也就是在該頁面上出現的次數。
- 如果一個查詢中有多個關鍵字，那麼相關性就是所有關鍵字的頻率，也就是將所有關鍵字出現的次數加總。

現在你可以開始作練習題了，執行 ant build 來編譯程式碼檔案，然後執行 ant WikiSearchTest。如往常一樣，它會失敗，失敗的原因是因為這個練習題還沒做。

請補完在 WikiSearch.java 中的 and、or 和 minus 方法，讓它們可以通過測試，現在暫時先不要管 testSort。

WikiSearchTest 的運作並不需要 Jedis，因為它不需要使用到 Redis 資料庫。不過若你想要對你的索引結果進行查詢，你就一樣提供 Redis 連線資訊檔即可，在第 105 頁的“建立相容於 Redis 的索引”裡有步驟說明。

請執行 ant JedisMaker 確認可以成功連線到你的 Redis server，然後執行 WikiSearch。執行後將會印出三個查詢的結果：

- “java”
- “programming”
- “java AND programming”

由於 WikiSearch.sort 還沒完成，所以現在查詢的結果並沒有特定的順序。

請補完 sort，讓回傳的結果可以用相關程度遞增順序排好。我建議你使用 java.util.Collections 提供的 sort 方法，它可以用來 sort 任何類型的 List。你可以在 *http://thinkdast.com/collections* 讀到更多相關資訊。

sort 有兩種版本：

- 一個參數的版本，是以 list 為參數，利用 compareTo 方法進行排序，所以元素必須符合 Comparable。
- 兩個參數的版本，是以任何物件型態 list 和 Comparator 為參數，Comparator 是一個具備 compare 方法來比較元素的物件。

如果你對 Comparable 和 Comparator 介面尚不熟悉，別擔心，我在下一節會加以說明。

Comparable 和 Comparator

本書的 repository 裡面有 Card.java 檔，裡面有兩種排序 Card 物件的方法，下面是 Card 物件的定義：

```
public class Card implements Comparable<Card> {

    private final int rank;
    private final int suit;

    public Card(int rank, int suit) {
        this.rank = rank;
        this.suit = suit;
    }
```

Card 物件裡面有兩個整數欄位，rank 和 suit（譯按：代表大小和花色），Card 物件是 Comparable<Card> 的實作，所以它具備了 compareTo 方法：

```
    public int compareTo(Card that) {
        if (this.suit < that.suit) {
            return -1;
        }
        if (this.suit > that.suit) {
            return 1;
        }
        if (this.rank < that.rank) {
            return -1;
        }
        if (this.rank > that.rank) {
            return 1;
        }
        return 0;
    }
```

文件上說，如果 this 比 that 小，就要回傳一個負值，this 比 that 大就要回傳一個正值，相等的話回傳 0。

如果你使用一個參數版本的 Collections.sort，它是使用元素提供的 compareTo 方法來執行排序。舉例來說，下面是含 52 張牌的 list：

```
public static List<Card> makeDeck() {
    List<Card> cards = new ArrayList<Card>();
    for (int suit = 0; suit <= 3; suit++) {
        for (int rank = 1; rank <= 13; rank++) {
            Card card = new Card(rank, suit);
            cards.add(card);
        }
    }
    return cards;
}
```

排序的方法為：

```
Collections.sort(cards);
```

這個版本的 sort，動作時是以物件的“自然順序”排序，也就是物件自行認定的順序為基準的意思。

不過，可以藉由提供 Comparator 物件來改變排序的順序。舉例來說，Card 物件原來的自然順序是 A 最小，不過有一些撲克牌遊戲中，A 卻是最大的，所以我們可以將 Comparator 定義為“A 最大”，如下：

```
Comparator<Card> comparator = new Comparator<Card>() {
    @Override
    public int compare(Card card1, Card card2) {
        if (card1.getSuit() < card2.getSuit()) {
            return -1;
        }
        if (card1.getSuit() > card2.getSuit()) {
            return 1;
        }
        int rank1 = getRankAceHigh(card1);
        int rank2 = getRankAceHigh(card2);

        if (rank1 < rank2) {
            return -1;
        }
        if (rank1 > rank2) {
            return 1;
        }
```

```
            return 0;
        }

        private int getRankAceHigh(Card card) {
            int rank = card.getRank();
            if (rank == 1) {
                return 14;
            } else {
                return rank;
            }
        }
    };
```

上面的程式碼先定義了一個匿名類別，裡面實作了 compare 方法。然後馬上為這類別建立新實例，如果你對 Java 中的匿名類別不熟悉，可以參考 *http://thinkdast.com/anonclass*。

要使用這個 Comparator，我們可以用下面的方法呼叫 sort：

```
    Collections.sort(cards, comparator);
```

這樣做了以後，黑桃 A 就會被視為最大的牌，梅花 2 就是最小的牌。

如果你想動手做，本節用到的程式碼都在 Card.java 中。可以練習看看改寫排序時以 rank 優先，再來是 suit，這樣改寫以後，同 rank 的牌就會被排在一起，如四張 A、四張二等。

額外練習

如果你已做完練習題，也許你會想試試看以下的練習：

- 閱讀中關於 TF-IDF 的資訊（*http://thinkdast.com/tfidf*），並進行實作，這個練習為了要計算文件頻率，可能會修改到 JavaIndex，文件頻率就是每個關鍵字在索引過網頁裡的總出現次數。
- 如果是用超過一個關鍵字進行查詢，每個網頁的關聯性高低，就會等於將每個關鍵字的關聯性加總。然後請試想一下，這個簡單的模型何時會運作不好，有沒有其他的方法。

- 建立一個可以讓使用者輸入布林查詢的介面，分析使用者下的查詢述句，產生結果後，將結果以相關性，依得分高低印出 URL。請在頁面上生成小段訊息，顯示關鍵字在頁面上哪裡出現。如果你想把使用者介面寫成網頁應用，可以參考 Heroku，它是一個開發和部署 Java 網頁應用的好工具，請見 *http://thinkdast.com/heroku*。

第十七章

排序

資訊工程界一直對排序演算法很著魔，若是考量資訊工程學生在這個題目上花的時間，多到會讓你覺得排序演算法是現代軟體工程的基石。但現實上不然，因為軟體工程師可以好幾年或是整段職涯都不用去想排序到底是怎麼動作的。對於大部份的應用來說，軟體工程師就只要用程式語言或是 library 提供的通用排序演算法就好了，而且也不會出什麼問題。

所以，如果你跳過本章不讀，啥也不學的話，你還是可以是一個出色的軟體工程師。但基於以下的理由，還是建議你讀一下本章：

1. 即使通用排序演算法用起來沒什麼問題，也可以滿足大部份應用，但是有兩種特殊排序演算法還是知道一下比較好，它們是基數排序法（radix sort）和限制堆積排序法（bounded heap sort）。
2. 另外，合併排序法（merge sort）是一個很好的教材，因為在演算法設計時，有一個稱為 **divide-conquer-glue** 的概念十分重要。當我們對它進行效能分析時，你會看到一種之前沒看過的**線性對數時間複雜度**（**linearithmic**）[譯註]。而且，一些最廣為使用的演算法，其實都有合併排序法的基因。
3. 最後一個要學排序演算法的理由是，技術面試官都很愛問這類問題，如果你想被僱用，用排序來顯示你有資訊工程的背景是很有幫助的。

所以，在這一章我們會分析插入排序法（insertion sort），會請你實作合併排序（merge sort），然後我會教你基數排序法（radix sort），最後你會寫一個簡單版本的限制堆積排序法（bounded heap sort）。

譯註　即 $O(\log n)$。

插入排序法

會從插入排序法開始討論，是因為它描述和實作都比較簡單，雖然執行起來不是很有效率，不過它還是有些長處，稍後我們就會看到了。

與其在這裡解釋演算法，我建議你到 Wikipedia 的排序演算法網頁 *http://thinkdast.com/insertsort* 閱讀相關資訊，上面有偽碼（pseudocode）和動畫示範，請先去看個概念再回來繼續。

以下是 Java 裡的插入排序法實作：

```
public class ListSorter<T> {

    public void insertionSort(List<T> list, Comparator<T> comparator) {

        for (int i=1; i < list.size(); i++) {
            T elt_i = list.get(i);
            int j = i;
            while (j > 0) {
                T elt_j = list.get(j-1);
                if (comparator.compare(elt_i, elt_j) >= 0) {
                    break;
                }
                list.set(j, elt_j);
                j--;
            }
            list.set(j, elt_i);
        }
    }
}
```

我定義了一個 `ListSorter`，用來裝載排序演算法程式碼。藉由使用型態參數 `T`，排序要用到的 list 就可適用於各種物件。

`insertionSort` 方法有兩個參數，第一個是任意型別的 `List`，另外一個是用來比較 `T` 物件的 `Comparator`。這個程式排序 list 時是 **in place** 進行，意思是動作進行時是修改既有的 list 即可，過程中不需要開新的記憶體空間。

以下是呼叫的範例，呼叫時帶的是 `Integer` 物件的 `List`：

```
List<Integer> list = new ArrayList<Integer>(
    Arrays.asList(3, 5, 1, 4, 2));

Comparator<Integer> comparator = new Comparator<Integer>() {
```

```
            @Override
            public int compare(Integer elt1, Integer elt2) {
                return elt1.compareTo(elt2);
            }
        };
        ListSorter<Integer> sorter = new ListSorter<Integer>();
        sorter.insertionSort(list, comparator);
        System.out.println(list);
```

`insertionSort` 方法中有兩層的巢式迴圈，你會猜它的執行時間與 n^2 相關。在我們這個例子中，這猜測是正確的，不過在你下結論以前，還是要檢查一下每層迴圈的執行次數，是不是和 n 相關，也就是 array 的元素總數。

外層迴圈做的是從 `1` 到 `list.size()`，所以是和 list 的大小 n 相關，屬於線性時間。內層迴圈是從 `i` 到 0，所以也是線性時間 n，結論就是內圈總執行次數是平方時間。

如果你一下子還想不明白，以下是一個說明：

- 第一次執行時 $i = 1$，內圈執行最多一次。
- 第二次執行時 $i = 2$，內圈執行最多兩次。
- 最後一次執行時 $i = n - 1$，內圈執行最多 $n - 1$ 次。

所以內圈的總執行次數就會是數列 $1,2,...,n - 1$ 的總和，也就是 $n(n - 1)/2$。這個方程式的最高項是 n^2（最高指數項）。

在最差情況下，插入排序執行花去 n^2 時間，不過：

1. 如果資料是已排序或接近已排序好的話，插入排序法花的時間將變成線性時間，也就是說，如果每個元素離它該去的位置只差 k 個位置，那內圈就不會執行超過 k 次，總花費時間就是 $O(kn)$ [譯註]。
2. 由於實作簡單，所以負擔很輕，也就是說雖然執行時間是 an^2，但是參數 a 應該很小。

所以，如果我們已知陣列是接近排好序的，或元素總數不多，在這些情況下插入排序就是個好選擇，但如果陣列元素很多，就有更好的選擇，事實上，是好太多的選擇。

譯註　作者在這裡用 k 代表一個常數，只要內圈是常數次，就不會歸在 n，自然結果就不用花到 n 平方時間。

練習題十四

排序演算法中有些演算法的執行時間小於平方時間，合併排序就是其中之一。一樣的，與其花費篇幅在這解釋演算法的動作，我建議你在 Wikipedia 的網頁 *http://thinkdast.com/mergesort* 上讀取相關內容。取得概念之後，再回來藉由實作來測試是不是真的瞭解了。

在本書的 repository 中，有這個練習題要用到的檔案：

- `ListSorter.java`
- `ListSortertTest.java`

執行 `ant build` 編譯原始碼檔案，並執行 `ant ListSorterTest`，如往常一樣會看到失敗訊息，原因是你還沒開始做練習題。

在 `ListSorter.java` 中，我提供了 `mergeSortInPlace` 和 `mergeSort` 這兩個方法雛型：

```
public void mergeSortInPlace(List<T> list, Comparator<T> comparator) {
    List<T> sorted = mergeSortHelper(list, comparator);
    list.clear();
    list.addAll(sorted);
}

private List<T> mergeSort(List<T> list, Comparator<T> comparator) {
   // TODO: 請補完這裡！
   return null;
}
```

這兩方法做的是一樣的事情，但擁有不同的介面，`mergeSort` 的參數是一個 list，並回傳昇冪次序的新 list，`mergeSortInPlace` 回傳值是 `void`，修改的是既存的 list。

請你補完 `mergeSort`，在你寫完整版遞迴合併排序之前，你可以先做以下的事情：

1. 將 list 一分為二。
2. 使用 `Collections.sort` 或 `insertionSort` 將剛才分為一半資料都排序好。
3. 將兩個排序好的一半資料合併為一個完整的 list。

先做以上的事情是要在做遞迴之前，有個機會除錯部份的程式碼。

接下來，加入一個基本條件（**base case**[譯註]）（*http://thinkdast.com/basecase*），這條件可以是：如果你的 list 裡只有一個元素，可以直接回傳，因為一個元素就等於已排序完成。或是，如果 list 的長度小於某個值時，你就可以改用 `Collections.sort` 或是 `insertionSort` 進行排序，請在你繼續下去以前確認基本條件運作正常。

最後，修改你的程式碼，讓它可以進行兩個遞迴呼叫，各可以排序一半的陣列。當你完成之後，`testMergeSort` 和 `testMergeSortInPlace` 測試就應該會成功通過了。

分析合併排序法

為了要評估合併排序法的執行時間，思考遞迴的層數以及每一層要做多少事情是必要的。首先，假設我們有一個 list 內含 *n* 個元素，以下是演算法的步驟拆解：

1. 建立兩個新的陣列，並各別將一半的元素複製進去。
2. 將兩個一半的資料排序好。
3. 將兩個一半的資料合併起來。

圖 17-1 是這些步驟的流程。

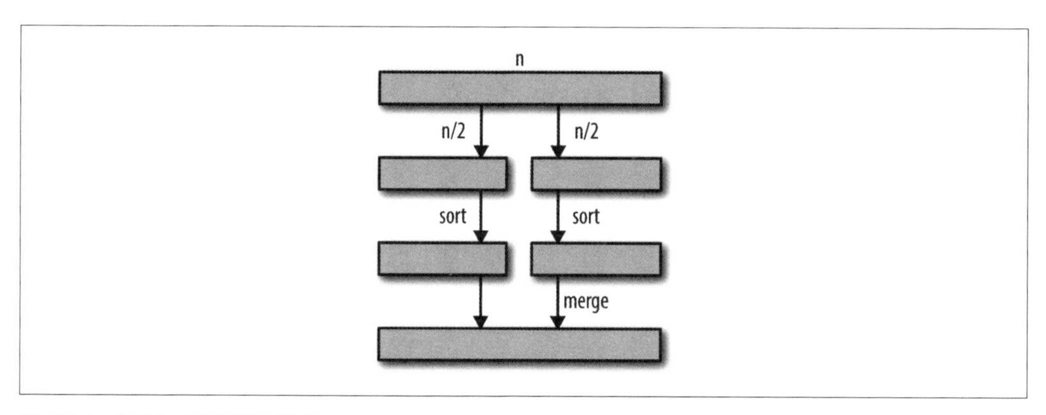

圖 17-1　遞迴一層進行的動作

在第一步中，要複製所有的元素一次，所以花線性時間，第三步也會複製所有的元素一次，所以也是線性時間。第二步比較複雜，所以用圖 17-2 看一下不同層進行的動作，會比較有概念。

譯註　結束條件。

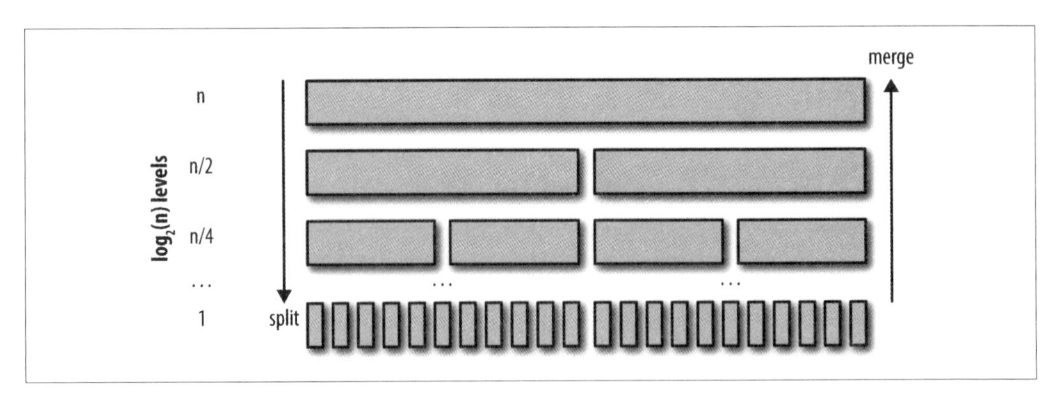

圖 17-2 合併排序所有遞迴層的動作

在最頂層，我們有 1 個 n 元素的 list，為簡化問題，讓我們假設 n 是 2 的一個冪次方，遞迴的下一層，會有 2 個 $n/2$ 元素的 list，再下一層會有 4 個 $n/4$ 元素的 list，以此類推直到我們有 n 個 1 元素的 list 為止。

每一層的總和都是 n 個元素，遞迴層數向下走時，每層將元素一分為二，每一層會花去 n 執行時間，遞迴向上走時，我們每層會合併 n 個元素，所以花去線性時間。

如果總層數是 h，那麼演算法總共要做的事情花去 $O(nh)$，所以，問題會變成，到底會有幾層呢？可以用兩種方法來思考這個問題：

1. n 要分割幾次才會變成 1？或
2. 1 要加倍幾次才會變成 n？

第二個問題也等於“2 的幾次方會等於 n？”

$$2^h = n$$

對兩邊同取 $\log_2$

$$h = \log_2 n$$

就得到總執行時間為 $O(n \log n)$，我不用寫底數的原因是，不同的底數的差異只差在常數係數不同而已，時間複雜度上是在同一個等級的。

演算法的時間複雜度 $O(n \log n)$，可稱為**線性對數**（**linearithmic**），不過大部份人稱“n log n”。

O(*n* log *n*) 是使用比較元素型排序演算法的最佳時間，不過若不是**比較型**（**comparison sort**）的排序演算法，時間複雜度就可以比 *n* log *n* 還要好，請見 *http://thinkdast.com/compsort*。

在下一節我們會看到一個非比較型的排序演算法，它可以達到線性時間。

基數排序法

在 2008 年美國總統大選期間，歐巴馬在訪問 Google 時，突然被要求作一個演算法分析，Google 首席執行長 Eric Schmidt 開玩笑地問歐巴馬說“若要排序一百萬個 32bits 整數，最有效率的排序法是什麼？”，當時顯然有人給歐巴馬通風報信，因為他很快的就回答“我想氣泡 sort 應該不會是答案”。你可以在 *http://thinkdast.com/obama* 看當時的錄影。

歐巴馬是對的，因為氣泡排序在概念上簡單，但執行時間是平方，即使是只比較同為平方時間的排序法，氣泡排序的效率也不好，請見 *http://thinkdast.com/bubble*。

Schmidt 心裡的標準答案應該是“基數排序法”（radix sort），這種方法不是基於比較，比較的元素是有一定的規格，如 32bit 整數或 20 字元字串。

假設你有一疊卡片，每張卡片上都寫了三個字母，以下是基數排序法的步驟：

1. 掃描所有的卡片一次，並依第一個字母分組，a 開頭的卡會分在同一組，第二組是 b 開頭的卡片，以此類推。
2. 將每一組的卡片，依第二字母分組，所以 aa 開頭的卡會在一組，第二組會是 ab 開頭的卡，以此類推。當然，不會每一組裡都會有卡片，不過無所謂。
3. 將每一組卡片，依第三字母分組。

此時每組裡都有一張卡，而組別以降冪排序，圖 17-3 是一個基數排序三字母的範例。

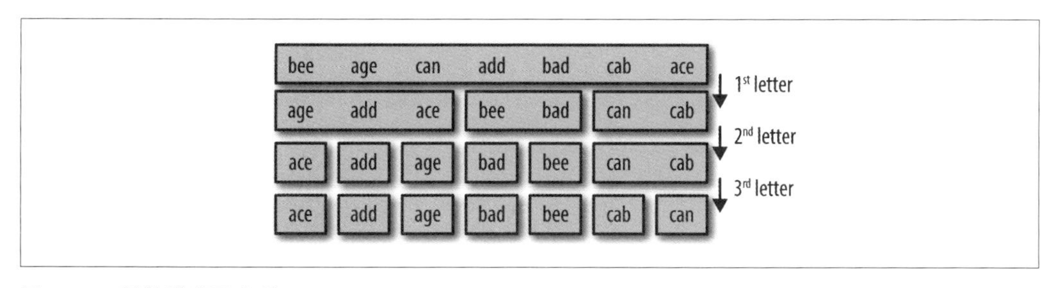

圖 17-3　基數排序三字母

最上面那一排是未排序情況，第二排是依第一輪排序後的情況，可以看到開頭的字母是相同的。

第二輪結束後，每組裡開頭的 2 個字母是一樣的，到第三輪結束後，每組裡只有一張卡，而組別之間是已經排序好的了。

在每一輪中，我們都要掃過所有元素並分組，只要加入一組的動作是常數執行，那每一輪就是線性執行時間。

由於要執行幾輪是要看字的寬度，所以我假設輪數為 w（width），但要執行幾輪和總共要排序的卡片數 n 無關，所以最後時間複雜度為 $O(wn)$（譯按：執行 w 輪，每輪花 n 分組），也就是線性執行時間。

基數排序法有許多種類，每種實作方法也不同。你可以在 *http://thinkdast.com/radix* 讀到更多資訊，可以將寫一個版本的基數排序法當作是一個額外練習。

堆積排序法

若當想要排序固定大小的資料，除了基數排序法之外，另外還有一種特定用途的排序法，就是**限定堆積排序法**（**bounded heap sort**）。限定堆積排序法應用在你取出一大堆資料中的"前 10 大"或"前 k 大"，而 k 比遠小於元素總數 n 時適用。

舉例來說，假設你要監看每天幾億筆交易的 web service，每天結束時，你要找出最大的 k 筆交易（或最小的也可以）。可以選擇在一天結束時排序所有的交易，然後選取最大的 k 筆。這樣共花去的執行時間是 $n \log n$，不過由於單一程式記憶體可能無法儲存幾億筆交易，所以實際執行時間可能會很慢，所以我們不得不使用"外排序"（out of core）演算法，你可以在 *http://thinkdast.com/extsort* 讀到關於這種外排序法的資訊。

但如果使用有限堆積演算法，事情可以解決的漂亮多了！接下來的程序如下：

1. 我會解釋堆積演算法（不限版）。
2. 你要進行實作。
3. 我會解釋有限堆積演算法，並分析效能。

為了要瞭解什麼是堆積演算法，你要先知道什麼是**堆積**（**heap**），它是一種類似二元搜尋樹（BST）的資料結構，但以下是它們的差異：

- 在 BST 中，每一個節點 x，都具有“BST 的特性”：所有 x 的左子樹節點都比 x 小，而所有右子樹節點都比 x 大。
- 在堆積中，每一個節點 x，都具有堆積特性：所有 x 的子樹，都比 x 大。
- 堆積和平衡二元搜尋樹相類：當你加入或移除一個元素時，都要做一些額外的工作，讓樹重新回到平衡，使用元素陣列可以讓這部份實作更有效率。

在堆積中，最小的元素總是在 root，所以我們找最小元素會是常數時間。對堆積加入或移除元素所花時間和樹高 h 相關，而由於樹總是平衡狀態，所以 h 與 $\log n$ 相關。你可以在 *http://thinkdast.com/heap* 讀到更多關於堆積的資訊。

Java 的 `PriorityQueue` 就是用堆積實作的，Java 的 `PriorityQueue` 的方法是由 `Queue` 介面所制定，方法包括了 `offer` 和 `poll`：

`offer`

將一個元素加入 queue，更新堆積讓每個節點都具有“堆積特性”，這個方法花去 $\log n$ 執行時間。

`poll`

從 queue 的 root 移除最小的元素，並更新堆積，這方法花去 $\log n$ 執行時間。

你可以輕鬆的使用 `PriorityQueue` 來排序 n 個元素的集合，用法如下：

1. 呼叫 `offer` 來將所有的元素集合加入 `priorityQueue`。
2. 使用 `poll` 從 queue 移除一個元素，並將該元素加入 `List` 中。

由於 `poll` 回傳的是 queue 中現存最小的元素，所以元素會以昇冪次序加入 `List`。這樣的排序法稱為**堆積排序法（heap sort）**（請見 *http://thinkdast.com/heapsort*）。

將 n 個元素加到 queue 中會花去 $n \log n$ 時間，移除 n 個元素也會花去 $n \log n$ 時間，所以堆積排序執行時間屬於 $O(n \log n)$。

在本書的 repository 的 `ListSorter.java` 檔中你可以找到一個名為 `heapSort` 的類別雛型，請將它補完並執行 `ant ListSorterTest` 來確認實作正確。

有限堆積

所謂的有限堆積，指的是限制堆積內元素個數上限為 k 個。如果你有 n 個元素，你可以用以下方法持續追蹤前 k 大元素：

一開始堆積為空，對每個元素 x，我們做以下的動作：

- 分支 1：如果堆積未滿，將 x 加入堆積中。
- 分支 2：如果堆積已滿，將 x 和堆積中最小的元素作比較，如果 x 較小，就不可能是前 k 大元素，直接丟棄即可。
- 分支 3：如果堆積已滿，而 x 比堆積中最小的元素大，就將最小元素移除，並將 x 加入堆積。

讓我們來評估這個演算法的效率，對於每個元素，我們可執行的動作有：

- 分支 1：將元素加入堆積，花去 $O(\log k)$。
- 分支 2：找到堆積中最小的元素要花 $O(1)$。
- 分支 3：移除最小元素要花去 $O(\log k)$，將 x 加入也是去 $O(\log k)$。

在最壞情況下，如果元素是以昇冪排序排列，就永遠會執行分支 3 的動作，這樣一來，處理 n 個元素的執行時間就會是去 $O(n \log k)$，就是 n 的線性時間。

在 `ListSorter.java` 中，你可以找到一個名為 `topK` 的方法，它的參數是一個 `List`，一個 `Comparator` 以及一個整數 k。它會回傳包含最大的 k 個元素的 `List`，以昇冪排序，請將該方法補完，並執行 `ant ListSorterTest` 來確認解法正確。

空間複雜度

一直以來，我們討論的都是時間複雜度，但同時我們也很關心很多演算法的空間複雜度。舉例來說，之前用過的合併排序法，因為要做資料的複製，所以在我們的實作中，總共會花去 O($n \log n$) 的空間。若是改用更精明的方法，你可以只花 $O(n)$ 的空間。

相反地，由於插入排序的動作是 in place 進行，所以不用複製資料，它每次只使用暫存變數來進行 2 個元素的比較，只用了幾個本地變數，所以它的空間花費和 n 並不相關。

我們的堆積排序演算法實作，會建立一個新的 `PriorityQueue` 來儲存元素，所以空間花費是 $O(n)$，但如果你要改為 in place 進行，堆積排序也可以只花 $O(1)$ 的空間。

至於你剛才實作的有限堆積演算法，就有一點優點是它的空間使用只和 k 相關（也就是我們要追蹤的元素數量），而 k 往往遠小於 n。

軟體工程師通常關注時間多於空間，對於多數的應用來說，這是正確的，但如果碰到要處理的資料是巨大資料集合時，空間的調整也是非常必要的。舉例來說：

1. 如果資料集合無法塞進一個程式所有的記憶體空間，執行時間會以驚人的速度變慢，或是根本無法執行。如果你選擇了一個需要較少空間的演算法，而它又可以不超過現有記憶體，執行起來就會快的多。而且，使用較少空間的，也讓 CPU 的快取利用率更好，使得執行速度更快（*http://thinkdast.com/cache*）。

2. 在一個同時會執行很多程式的 server 上，如果你可以減少每個程式的空間需求，你就可以在該 server 上執行更多程式，這樣可以減少硬體和電力成本。

以上，就是你該知道關於演算法空間需求的一些些資訊。

索引

※提醒您：由於翻譯書排版的關係，部份索引名詞的對應頁碼會和實際頁碼有一頁之差。

A

B

C

D

E

F

G

H

I

J

K

L

M

N

O

P

Q

R

S

T

U

V

W

X

關於作者

Allen B. Downey 是 Olin College of Engineering（Olin 工程學院）的資訊工程（Computer Science）教授，他曾在 Wellesley College、Colby College 以及 U.C. Berkeley 教書。他在 U.C. Berkeley 取得 Computer Science 博士學位，在 MIT 取得學士及碩士學位。

出版記事

本書的封面動物是澳洲喜鵲（Australian magpie（*Cracticus tibicen*）），牠的身上只有黑和白兩色，並具有一對紅色的眼睛。由於毛色類似歐洲喜鵲，所以是由歐洲移民開始稱呼牠為喜鵲，但歐洲喜鵲和澳洲喜鵲其實物種關連性很低，澳洲喜鵲是澳洲及新幾內亞的原生種。

澳洲喜鵲智商很高，鳴叫聲複雜且多變化。這種鳥通常身長 14-17 英尺，重量 7.8-12.3 盎司。棲息地也很多樣，包括田、森林、公園甚至是人類住宅區。牠是白天活動的雜食性動物，會捕食地上的昆蟲、蟲、多種無脊椎動物、堅果、水果和一些像蜥蜴或老鼠等小動物。

在 9 月或 10 月時（澳洲的春天），雄性的澳洲喜鵲會極度保護牠的巢及幼鳥，導致一種稱為“鳥類俯衝傷人季”的現象。澳洲喜鵲會俯衝並啄傷靠近附近的行人和單車騎士，造成頭部或面部受傷。防治的措施包括在安全帽上裝假眼睛或是綁上長的束線帶、帶雨傘，當然還有單子亮一點遠離築巢區域。可憐的郵差騎車送信的路上常常成為澳洲喜鵲的目標。

O’Reilly 書籍封面上的許多動物都面臨了瀕臨絕種的危機；牠們都是這個世界重要的一份子。如想瞭解您可以如何幫助牠們，請拜訪 *animals.oreilly.com* 以取得更多訊息。

封面圖片是由 *Lydekker’s Royal Natural History* 提供。

Think Data Structures｜Java 演算法實作和資料檢索

作　　者：Allen B. Downey
譯　　者：張靜雯
企劃編輯：蔡彤孟
文字編輯：王雅雯
設計裝幀：陶相騰
發 行 人：廖文良

發 行 所：碁峰資訊股份有限公司
地　　址：台北市南港區三重路 66 號 7 樓之 6
電　　話：(02)2788-2408
傳　　真：(02)8192-4433
網　　站：www.gotop.com.tw
書　　號：A535
版　　次：2018 年 03 月初版
建議售價：NT$480

國家圖書館出版品預行編目資料

Think Data Structures：Java 演算法實作和資料檢索 / Allen B. Downey 原著；張靜雯譯. -- 初版. -- 臺北市：碁峰資訊, 2018.03
面；　公分
譯自：Think Data Structures : algorithms and information retrieval in Java
ISBN 978-986-476-721-2(平裝)
1.Java(電腦程式語言)
312.32J3　　107000496

讀者服務

- 感謝您購買碁峰圖書，如果您對本書的內容或表達上有不清楚的地方或其他建議，請至碁峰網站:「聯絡我們」\「圖書問題」留下您所購買之書籍及問題。(請註明購買書籍之書號及書名，以及問題頁數，以便能儘快為您處理)
http://www.gotop.com.tw

- 售後服務僅限書籍本身內容，若是軟、硬體問題，請您直接與軟體廠商聯絡。

- 若於購買書籍後發現有破損、缺頁、裝訂錯誤之問題，請直接將書寄回更換，並註明您的姓名、連絡電話及地址，將有專人與您連絡補寄商品。

- 歡迎至碁峰購物網
http://shopping.gotop.com.tw
選購所需產品。